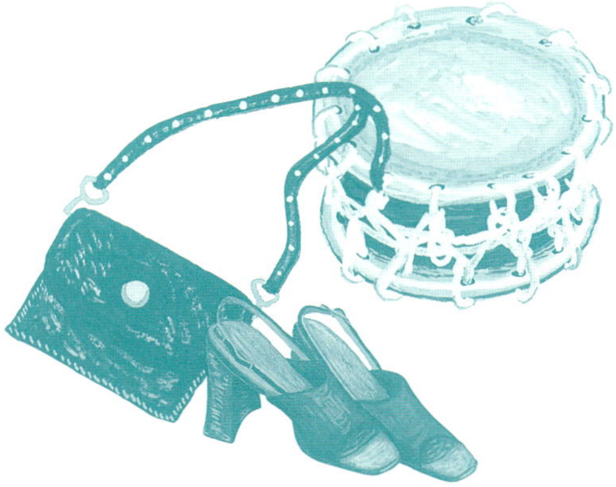

人権総合学習 つくって知ろう! かわ・皮《かわ》・革《かわ》

学習ガイドブック

太田恭治・中島順子・山下美也子 編著

エルくらぶ

もくじ

装画　中川洋典　　装幀　森本良成

I

かわと人権部落問題学習

1……人権総合学習の内実を創り出そう

●……本当に「まったく新しい学習」なのか

2002年度から「総合的な学習の時間」が始まった。学習指導要領ではその内容を「……各学校の児童の実態に応じて……創意工夫を生かした教育活動を行うものとする」と示されている。ねらいには「……問題の解決や探求活動に主体的に、創造的に取り組む態度を育て、自己の生き方を考えることができるようにすること」などが明記されている。

「総合的な学習の時間」にかかわって多くの本が出され、そのなかにはまったく新しい学習であるかのような内容がある。しかし、子どもたちが「自己の生き方を考えることができる」というねらいは、すでに人権部落問題学習の実践のなかで大切にしてきたことである。

かつて、私たちの先達《せんだつ》は、厳しい生活実態のなかで、思うように学習に取り組めず、低学力におかれ、学校のなかに居場所を見つけられなかった子どもたちの家に足を運んだ。そこで、暮らしを支えながら仕事に打ち込む親の姿に出会った。地域の人びとの暮らしぶりに触れたとき、被差別の立場にある子どもたちとともにどう歩めばよいか、教育の内実が問われた。地域とつながるなかで、子どもと一緒に、親の仕事や地域の成り立ちを学び、それを部落問題学習の基本にすえることの大切さを認識した。

「力を合わせて差別と闘い、生きていこうとした部落の人たちのことを忘れない」「私の部落は、技をもって生きていく人たちに支えられている」ということに気づいていった子どもたちは、そのことを自分自身の暮らしや生き方と重ねていった。「自己の生き方を考えることができるようにする」という言葉は、そんなに簡単な意味ではない。

これまで同和教育の実践のなかで、親の仕事や部落の人びとの仕事の聞き取り、地域のフィールドワーク、ものづくりなどの学習を創り出してきた。活動を通して人と出会い、その人の生き方に触れ、学んだことを表現することで、子どもたちが、自分の生き方を考えることができたという実践は、人権部落問題学習のなかで検証されてきたことである。

これまでの実践を人権総合学習として充実させていくためには、子どもたちが自ら課題を見つけ、主体的に探求し解決していく学びの創造を通して、生き方を考えることができるような学習へと発展させていくことである。

「国際理解、情報、環境、福祉・健康など」にとどまらず、これまでの取り組みをふまえ、人権部落問題学習を位置づけることは重要だと考える。あらゆる学習において、人権を視点においた学習が大切になる。

●………かわ・皮・革――「多様な入り口」から取り組もう

私たちの生活には皮革製品が多い。コート、靴、カバンなど種類も豊富に出回り、ほしい皮革製品が店頭にならんでいる。また、高価な外国製品も専門店で売られている。

しかし、身近になった皮革製品であるにもかかわらず、その革の製造や革製品の製造工程などについて、ほとんど知らされることはない。歴史的にはその製造にたずさわっている人びとや地域の多くが被差別部落であるということについての理解も進んでいない。

食肉市場で生産された皮が、どのような製造工程をへて私たちの手元に届くのかということや、動物（ほとんどは牛であるが）の皮が、どのようにして柔らかい革になるのかということも知る機会がない（一般的にはなめし加工をしないかわを「皮」と表記し、なめし加工をして製品になったかわを「革」とする）。ましてや、どこで、どんな人びとによってつくられているのかということまで考えられることは少ない。これまで、限られたところにしか情報が伝わってこなかったからである。

そこで、身近になっている皮革をテーマにし、部落問題との出合いを模索する人権総合学習の内実を、私たちの生活のなかの皮革製品を入り口にして創り出していければと考えた。

例えば**絵本『かわと小物』**（本書では『人権総合学習　つくって知ろう！　かわ・皮・革』シリーズを「絵本」とする）の実践を通して、身の回りにある皮革製品について調べたり、考えたりすることを入り口にして、学習を進めていってはどうだろう。子どもたちの素直な疑問が手がかりになる。

「動物の皮で、どんな物ができるの？」「どうやって動物の皮ができてくるのかな？」「どこで皮をつくっているのだろう？」――子どもたちの疑問は、そのまま皮革の学習の展開となっていく。

入り口は、どこからでもいい。子どもと指導者が一緒になって「かわのひみつ」に迫っていける学習を創り出そう。本やインターネットだけでは、きっと物足りなくなる。具体的なこととの出合い、それは「人」との出会いともなっていく。ゆっくりとていねいに、かわとの出合いをつくってほしい。

絵本『くつ』を見ると、子どもたちは「はっ」とするだろう。

今まで、「足元のことなど、考えたことなかった」という子どもが多いはず。その子どもたちに、どうやって「靴」に興味をもたせるか、手法は多様だ。

後掲の「試案２・マイシューズをつくろう！」（16頁）もきっと、子どもたちの興味を引きつけることになるだろう。

今まで、靴は店で売っているもの、履きつぶせば、また新しく買えばよい、と考えていた子どもが、「靴をつくること」に挑戦するなど、驚きになるのは当然だ。

この“驚き”が学習への意欲づけとなり、指導者と一緒に、何とか自分のものにしようという動きをつくっていく。

「靴をつくる」とまではいかなくとも、家族の靴をスケッチしてみよう。そこに、人の暮らしが見えてくるのは、楽しい。仕事に履いていく靴、「この靴をどこで手に入れる？」「この靴はどこでつくっている？」「この靴を誰がつくっている？」、知らないことがいっぱい浮かんでくると、子どもたちの欲求は、次つぎと活動を生み出していくに違いない。指導者が、はじめて出合うこともあるだろう。創造的な学習を期待したい。

絵本『太鼓』では、実におもしろい取り組みが創り出せる。

入り口は、いっぱいある。

１台の太鼓を前に置いて、子どもたちに、一言ずつ言ってもらおう。「打ちたいなあ」「さわってみたいなあ」から始まって「何の皮？」「何の木？」「どうやってつくるの？」「どこで？」「誰が？」――きっと限りなく子どもたちは、話してくるだろう。

人権総合学習では、決まった入り口にこだわることはない。入り口は、決して一つだけではない。子どもの姿、地域の暮らしなどとつなげて、多様な入り口を創り出すこと。このことが、私たちがシリーズ『つくって知ろう！　かわ・皮・革』という絵本をつくりながら、人権総合学習として展開してほしいと願ったことなのだ。

子どもたちが、皮革製品や皮革業についてどんな認識をもっているのかを知ることは、学習を組み立てるうえで重要である。人権総合学習のテーマが決まれば、そのことにかかわって子どもたちの見方を知るために、いろんな角度から、子どもたちの意見や考え、興味や関心を引き出すよう、投げかけていこう。そして、皮革業について、一般的に「くさい」「きたない」という誤った見方があることもふまえて、見方を転換するような内容をつくることが重要である。「そんなことは言ってはいけません」「皮革を製造する人がいるから、私たちは革製の靴を履き、革製品を身につけることができるのです」とか「職業に貴《き》賤《せん》はありません」ということを言いつづける内容だけでは、職業差別が社会に現存することだけを教えるに終わってしまいかねない。学習を通して子どもたちが認識を変えていくような人権総合学習を創り出していきたい。

2………人に出会う人権部落問題学習を

絵本『つくって知ろう！　かわ・皮・革』の３部作のなかで大切にしたのは、皮革の仕事にたずさわる人たちの生き方を伝えたいということだった。仕事について話してくれる職人さんの一言一言にそれが表れている。

●………「石が鳴りますんや」

白なめしの仕事は自然が相手。自然とともに生きている。生皮《なまがわ》（原皮）を市川の水にさらすと、川のバクテリアが働き、脱毛しやすい状態になるという。脱毛した後、塩と菜種油をつけて何回ももみこむ。足で革をつかみ、まるで手のように動かし、もんでもんでいくとだんだん革になってくる。さらに、へらがけと言って、へらの上で革の裏面をこすってもむ。今度は、革を広げ、ひざで伸ばす。もんでのばすことの繰り返し。全身を使っての作業である。作業に耐える皮革の強さを実感する。仕上げるのは自然。河原に広げ、夜露にさらすと、ふんわりとした白い色の革ができあがる。

川に生皮をつけているとき、上流でにわか雨でも降ると増水し、皮が流されてしまう。そんなとき「石が鳴りますんや。私には聞こえます」と、白なめしの職人さんはさらりと言ってのける。

姫路の市川の周辺にはいくつものなめし工場がならんでいる。しかし、なめしの方法が変わり、白なめしをする職人さんは一人になってしまった。がんこなまでに白なめしを続ける姿に、からだ一つで仕事を続けてきた人の、技と自信を感じる

（参照『つくって知ろう！　かわ・皮・革　かわと小物』

●………「やれることを一生けんめいやってきた」

手縫い靴をつくる職人さんは冬でも薄着だ。靴の底を縫っていく指先に神経を集中させ、糸を引くときに力を入れる。肩や指がたくましい。身の回りに、ミシンやさまざまな道具が整然とならぶ仕事場は、決して広いとはいえない。

この店で、色違いで靴をつくる人や、つくった靴を修理する人たちがいる。手縫い靴は安くはないが、気に入った、足に合った履きやすい靴を毎日履けるということは、高くないということである。修理をして大切に履き続けることもできる。

明治以後、富国強兵政策のもとで軍靴の製造が大手製靴会社で始まったが、民間の需要は製靴会社が請け負い、具体的な仕事は、主に部落のなかの下請け工場が受けもっていた。親方を中心に、親戚《しんせき》やきょうだいで作業を分業化し、それぞれの靴職人の家で行われている場合が多かった。

一足の靴を生産するのに一日かかると言われるほど、手間のいる仕事であった。また、親方との一定の契約で仕事をする請負の仕事であったので、注文が集中したら納期に間に合わせるため、夜遅くまで働く。注文がないと仕事がなく、収入もないというのが大半の靴職人の生活であったという。靴職人たちは、ほとんどが家の中で夫婦で仕事をしていることが多かった。

現在は、機械化も進んでいるが、一つの会社で、原料から製造までされることは少なく、内職などの仕事に頼る部分も多い。一足の靴を製造するには多くの人の手によってつくられていく。

今も手縫い靴をつくる職人さんの一人は、「『職人の技』とか言うてほめられたりしますけど、やれることを一生けんめいやってきただけです」と、確かな生き方を伝えてくれた。

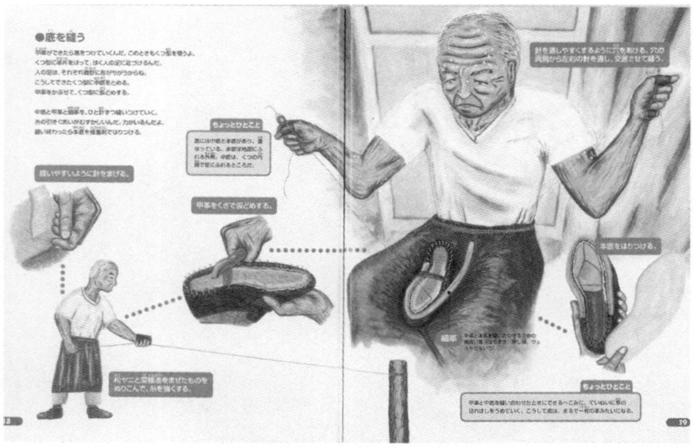

(参照『つくって知ろう！ かわ・皮・革 くつ』

●………「技を、見て覚えたんや」

今、太鼓の演奏者や太鼓集団は注目されている。腹に響く音、単調であるがその力強さ、打ち手のダイナミックな動きに惹《ひ》かれるのである。しかし、太鼓のつくり手が話題になることはほとんどなかった。

太鼓づくりはシンプルである。胴に皮を張っていく。技術や道具は数百年変わっていないという。矢板に変わって、ジャッキが使われるようになったぐらいである。職人さんの技術と勘による手作業の伝統的な仕事である。江戸時代から、太鼓の皮の張り替えは部落の人たちが担ってきたといえる。

ある太鼓づくりの職人さんは、店に太鼓を買いに来た客から、「神社の太鼓をつくるときは、身体を清めるんですか」と質問されたことがあった。「わしら、太鼓職人にとっては、神社や寺で使われる太鼓も同じ太鼓や。太鼓を使《つこ》うてくれる人がいるからわしらの仕事はなりたつんや。その仕事にきれいもきたないもないんとちがうかなあ」と答えたという。また、太鼓づくりの技術にたいしては、「この仕事は誰も教えてくれん。自分で自分の技を磨かなあかん。お客さんの求める音が出る太鼓をつくるためになあ。皮の張り替えに持って来られる太鼓には、江戸時代の太鼓職人の技が見られる。それをわしらは学ぶんや」と部落の中で受け継がれていた技術のすばらしさを語ってくれた。

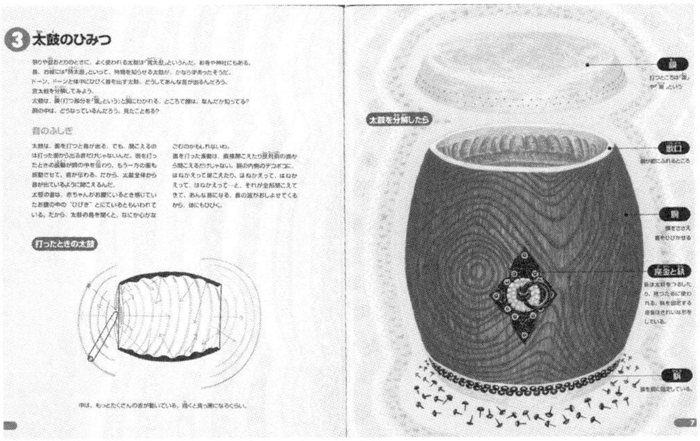

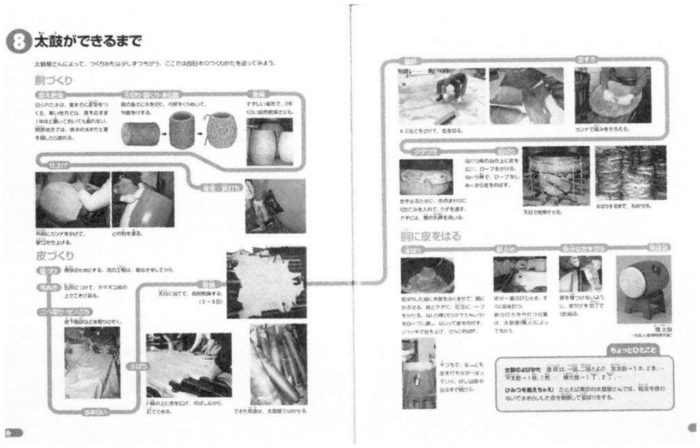

（参照『つくって知ろう！ かわ・皮・革 太鼓』

職人さんたちの話が示すように、部落の人びとはお互いに助け合い、知恵を出し合うなかから新しい仕事や技術・文化を生み出してきた。

厳しい差別のなかで生き抜いてきた人びとには、たくましさや温かさ、しぶとさ、そして、闘いがある。それらが「仕事」に表れている。仕事を学習するということは、仕事の内容を理解するだけでなく、その仕事で生きてきた人びとの生きざまを学ぶことである。そのことによって、部落問題をより身近な問題としてとらえられる。自分の技を磨き、自分の技に誇りをもって生きてきたことを理解し、その生き方を通して、部落差別の不合理さに気づくことができる。

人権部落問題学習の内容は、部落の人びとが受けてきた差別の歴史と事実を伝えるだけでなく、被差別の側で生きてきた人びとの存在や生きてきた事実を学び、そこから自分の生き方を模索する学習である。

3……人権総合学習で大切にしたいこと

●………「種まき」と「耕し」

例えば、「靴をつくってみよう」と突然呼びかけたとき、子どもたちはどうするだろうか。「つくれそうにない」と、びっくりした声や「つくれるのか」という驚きの声、さまざまな子どものつぶやきが聞こえるだろう。しかし、「靴をつくる」などという活動は、何も働きかけなければ子どものほうからは出てこない。日常的に、靴に興味・関心があるとは思えない。「靴づくり」のことを学習していこうとすれば、靴のことを意識するような投げかけを少しずつしていくことが大切だ。

靴のことを話題にするような機会を設ける。靴と文化、靴の歴史、靴と健康、靴の履き方、仕事の靴など、教科学習や自主活動、学級指導など、あらゆる機会を利用して投げかけておくと、子どもたちは靴のことを意識する機会がふえる。こんなことを「種まき」としよう。

靴を意識し始めた子どもたちは、気がついたことを話しにきたり、学習活動のなかで発言したり、友だちの間で話題にしたりする。その場面を取り上げて、子どもたち全員に、何人かの子どもの気づきを広げていく。内容によっては、気づきを交流したり、資料を提供したりする。そのようなことから、靴への意識を広げていくと考えられる。こんなことを「耕し」としよう。

「種まき」「耕し」をしておくと、「靴をつくってみよう」という投げかけが、「へぇー、靴ってつくれるの？」という興味・関心を伴った驚きの声になると思う。興味・関心をもってほしいと思う事柄について、「種まき」「耕し」が必要なのである。

また、「種まき」や「耕し」のなかで見える子どもたちの姿から、生活のなかで獲得してきた感覚や意識が見えてくる。生き方を考えさせる人権総合学習では、子どもたちの生活や意識を知ることが大切である。

●………子どもとともに総合学習

子どもたちから質問を受けて、答えられないことがあってもいい。「先生、これ、どういうこと？」と聞かれたら、指導者としては知っているつもりでやっていても、答えに詰まったり、はじめて知る事柄だったりすることがある。それだけ、子どもたちの学習の方向が多岐にわたっていくということである。

そんなとき、答えられないことが、子どもたちに弱みを見せるようで嫌だった、という経験はないだろうか。しかし、「私もわからない」と答えて、「よーし、一緒に調べよう」と投げかけてみると、意外と楽しく調べ学習が始まるように思う。「先生より早く、答えを調べてやろう」なんてがんばる子どもが出てきたり、ふだん見られない子どもの姿に出会ったりする。一つのことを一緒に調べながら、子どもたちの新たな表情が見えたりもする。

取り組む内容の広がりによって、指導者自身が知らない、わからないといった部分が出てきて当然である。大切なのは、そのような場面で、柔軟な姿勢をもつことではないだろうか。子どもたちとともに学び、生き方を考えていくということが不可欠である。そうして「人権総合学習を楽しむ」ことである。

●………豊かな学びを創り出す

学習は、子どもたちの興味・関心によって、勝手気ままに取り組んでいくということではない。子どもたちに、自分のもった興味や疑問などが、学習のテーマとどうつながっているかを確かめさせながら、学習を進めていくことが大切になる。

靴や太鼓など、皮革業をどのように教材化し、学習を進めていくかということについての視点は、次のように考えられる。

①皮革に触れるなどの体験を通して、皮革に興味をもたせる。

②皮革の製造工程など皮革業の仕事の内容を提示する。

③人びとの生活にどのように皮革が関係しているかを知らせ､皮革業が大事な仕事であることを理解させる。

④皮革業にたずさわっている人に出会わせる。

⑤皮革業にたいする差別の不合理に気づき、皮革業への正しい認識をもたせる。

「皮革に触れる」といっても、いろいろな触れ方がある。革のにおいも嗅《か》いでみよう。表面の質も一様ではない。虫にさされた痕《あと》があったり、乳頭の位置がわかったりもする。この革からどんな靴がつくられるのか、どんなカバンになるのか、また、衣服になるのかなど思いめぐらすと楽しい。太鼓の皮は革と違ってなめし加工がされていない。太鼓店には丸い形に切った皮や牛１頭分の生《き》皮《がわ》がある。「かわ」と一口に言っても、つくり方や材質など大いに違う。

絵本『つくって知ろう！　かわ・皮・革』では、革を使った小物や簡単な靴のつくり方、塩ビ管太鼓のつくり方を紹介している。皮革に触れる機会をふやし興味をもたせるためにも、ぜひ、ものづくりには取り組みたい。

皮革の仕事について知るには、見学させてもらうことが一番である。子どもたちも見学できるといいが、やむをえない場合は指導者だけでも見学できるようにしたい。太鼓店、靴工場、革製品をつくる工場などをさがしてみよう。子どもたちの祖父母や親戚の人たちにも広げて話を聞くこともできる。

本や皮革業者のホームページなども参考になるが、直接話を聞くということは、その人となりが実感できる貴重な学習である。仕事のなかで培ってきた生き方を伝えてくれている「この人」を通して差別の不合理さを感じる。そんな出会いをつくっていきたい。

子どもたちの親はさまざまな仕事についている。しかし、どのような仕事であれ、仕事の手を抜かず働いている。苦労はあっても、工夫をしたり知恵を働かせて、仕事を続けている。子どもたちの暮らしは、そういう親の仕事に支えられている。そのことの「ねうち」を知り、自分の生き方を考えていく。出会った職人さんの生き方から、自分の生き方を見つめるという、大切にしたい取り組みである。

●………発信すること

まず、学習したことをまとめる。新聞に、本に、文章に。また、話したり、絵やポスターに表したり、歌や劇にしたり、演奏したりと、方法はさまざまにある。子どもたちは自分なりのまとめを学級・学年の仲間に発表していく。その場で意見交流すると、まとめ方や内容についてさらに学習できる。発表の場を他学年の子どもたちや学校行事の場に広げていくと、さらに工夫した内容になるに違いない。

発表の場に、話を聞き取った人に参加してもらったらどうだろう。子どもたちは少し緊張しながら学んだことを伝え、その人がどう受け止めたかと考える。「本物の聴衆」と意見交流することで、学びを問いなおし、さらに深めていくことができる。ワークショップを行って、参加者とともに学び合う方法もある。情報教育と関連させ、ホームページ上で意見交流をするなどもできそうだ。こういう「双方向」に行う学習は、学んだことを明確にし、自分の考えを相手に伝える力をつけていく。

また、発表の場を学校から地域へと広げていくことも考えよう。ポスターや新聞を地域の掲示板に張り出し、多くの人に伝える。歌や劇や演奏を地域の行事や取り組みの場で発表する。地域の人たちは子どもたちを温かく迎えてくれるだろう。わかってもらえた達成感が子どもたちの学習意欲につながっていく。地域の人たちの励ましがまた、学習内容の創造につながっていく。

学習で出会った地域の人たちを、学校行事や発表会に招待し、出会いをつないでいったという実践がある。子どもたちは、招待状をもって出かけ、内容や趣旨の説明をする。そのときに励ましてもらったことで、地域の人の温かさを感じた。自分がこの地域に住んでよかったと感じた子どもたち。その人の言葉かけや口調から、自分のふるさとや民族とのつながりを意識した子どももいた。地域の人たちとの具体的な出会いが、子どもたちに自分のことを見つめさせるきっかけとなっていった。

発表の場を広げたり、人との交流を創り出すことで、子どもたちは自分の考えを深めていく。表現・行動を通して自分の考えを伝え、その積み重ねによって自分を見つめていく。そのことが「発信する」ということである。

コラム……太鼓をつくる道具

ここでは、特別な道具を取り上げました。➡絵本『太鼓』10〜15頁

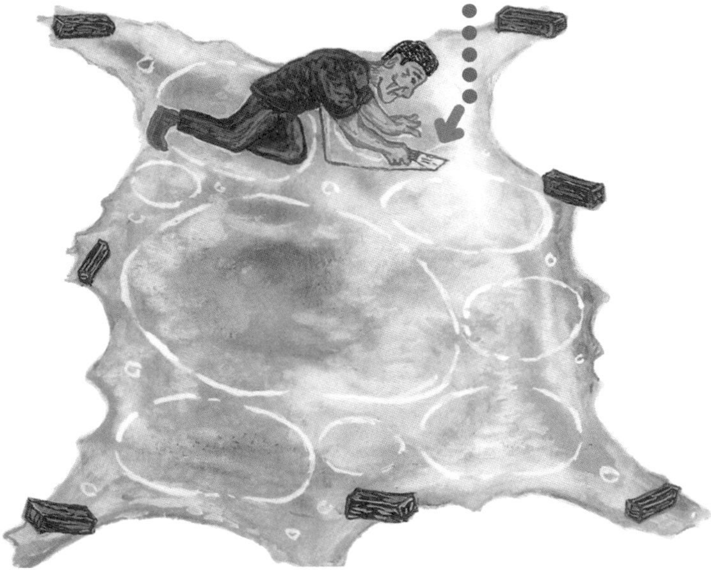

4……実践を進めるために

試案❶ かわのひ・み・つ

かわとの出合いは、手触り、においといった具体的な活動の場を子どもたちに提供することが大切である。絵本『かわと小物』は、子どもたちにふと、「かわって何だろう」という疑問を感じさせ、考えさせてくれるきっかけとなるよう描かれている。

「皮から革へ」と変化することを発見していった人類の歴史から、かわのなりたちが見えてくるだろう。自然の力を利用した先人の知恵、長い年月を経て現在まで伝えられてきたかわの歴史に感嘆の声をあげる。そして、子どもたちが調べ学習や体験学習を通して、紙や布にない強さ、硬くなったかわが水分を含んで軟らかくなり加工しやすくなる様子、かわの厚さを変えることで細工しやすくなるなど、かわのふしぎにも気づくだろう。“かわのひみつ”という一種ワクワクするような言葉に引かれて、学習が進められていけばいいと考えている。

皮から革への変化は子どもたちに想像しにくいものである。だから、可能なかぎり本物のかわとの出合いをつくるよう工夫していきたい。かわを手にした子どもたちは、きっとその温かさや柔らかさ、強さといったかわの特性に気づく。かわが貴重な生命の産物として、人間の暮らしを支えてきていることにも気づかせたい。そんなかわのひみつに出合ったあと、子どもたちはかわを使ったものづくりへと関心を広げていくことができる。

実際のかわを手にしながら、“なめし加工”という意味やその技術を伝える職人の姿にも目をむけさせたい。

かわを身近なものとして、これからも大切にしていってほしいという願いを子どもたちに伝えたい。

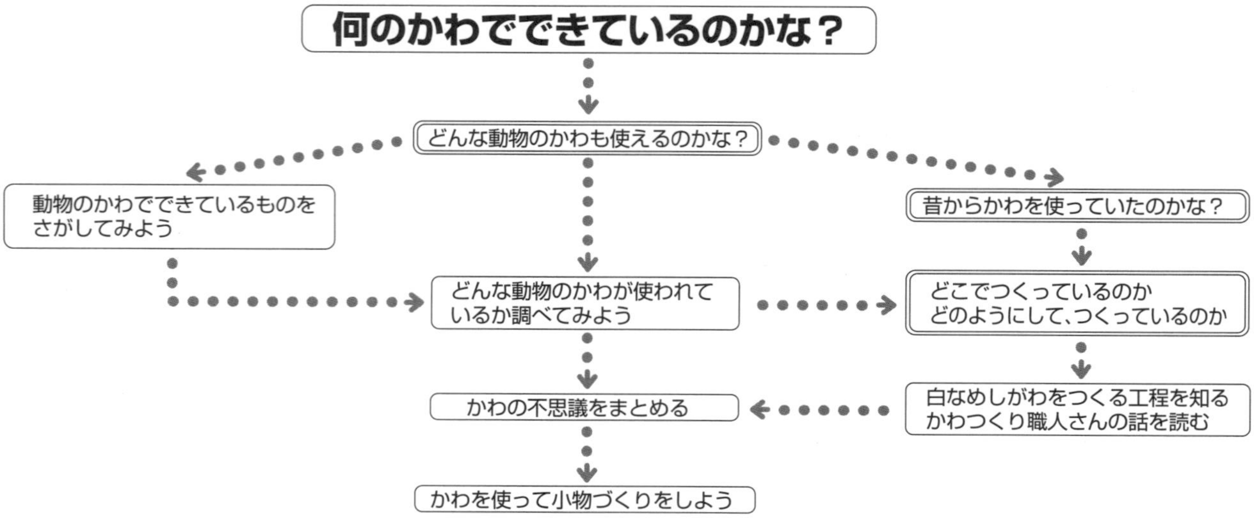

かわのひ・み・つ　学習の展開案

身の回りにあるもの（グラブ、カバン、ベルトなど）を見て、「何のかわだろう？」と問いかけながら、子どもの興味を引き出したい。手触り、においなど具体的な活動場面をたくさんつくりながら学習していく。

❶予想される子どもの声➡興味・関心を多様な入り口から引き出す。

かわでできているものを見せながら「これは、何のかわでできているのかな？」と問いかける。子どもたちは自分の知っている動物の名前を言うだろう。

どんな動物のかわも使えるのかな？

- 世界の国々では、どんなかわが使われているのか調べる。
- 太鼓の皮との違いにも気づく。
- 用途によって違う。

昔からかわを使っていたのかな？

- 衣服にしていた絵を見たことがある。
- 武士の鎧《よろい》は皮だと聞いた。
- 図書館で昔の暮らしを調べたらわかると思う。

＝

自然の恵みと人間の知恵や工夫に気づかせたい（かわの歴史）。

かわを使ってできたものが、ほかにあるのかな？

- 身の回りにあるものをさがす。
- お店に行って教えてもらう。

どうやってかわをつくっているのかな？

- 皮から革への変化を知る。
- 本で調べる。
- 職人さんの話を読んだり聞いたりする。
- できれば工場見学をする。

❷学び①

調べ学習……「かわを使うようになったわけ」を考えながら、かわのひみつに気づく。自然と技が、大切なことに気づく。

❸学び②　全員で理解を深める学習

体験学習

・かわを使って小物づくりをしよう。
・革つくりの工程を知る。
・革つくりの職人さんの話を読む。

❹発信

わかったことを発表する。

・布や紙と違うところ。
・かわをくさりにくくする方法がある――「なめし」を知る。
・かわに手を加えて加工しやすくする――色をつける。
・かわのにおい、手触りを感じる。

❺発展

一つのテーマの学習だけで、人権部落問題学習は完結しない。学年や教科、自主活動などとも関連させて、多様な学習へと発展させる。

・できた小物をプレゼントしよう。地域にある保育所、老人センター、福祉施設、障害者施設などとの交流。（自主活動）
・できた小物でバザーをしよう。
・「皮から革へ」と変化していく「かわのひみつ」を伝えるための表現・方法を考える。（国語）（社会）（図工）
・世界の国々の「かわの文化」（かわと人びととの暮らし）について調べる。（国際理解教育）

試案❷ マイシューズをつくろう！

子どもたちに「自分だけの靴をつくるよ」と言うと、「ええーっ、靴って自分でつくれるの？」と驚くに違いない。その驚きから学習を進め、学習の展開は、「靴をつくる」という目的のためには、どんなことを調べるといいのかということを入り口にしたい。絵本『くつ』は、自分だけの靴づくりに挑戦しようという気持ちをもたせてくれる。

つくった靴は履けないとおもしろくない。だから、「綱貫沓《つなぬきぐつ》」（絵本『くつ』25頁）をヒントにした「マイシューズづくり」には時間をかける。接着した部分がはずれないようにサンドペーパーを十分にかけて接着する。簡単な靴づくりも手間がかかるものであることが実感できると思う。自分の靴をつくることで、本物の靴づくりに興味をもたせていきたい。

「本物の靴づくり」との出合いは、ぜひつくりたいものである。近くに靴工場があれば見学させてもらい、靴づくりの職人さんがいれば直接話を聞かせてもらう。子どもたちにとってそういう出会いは大切だが、指導者だけでもなんとか機会をつくりたいものである。靴づくりは手作業が多い。機械化された工場でも、靴型は一足ずつ必要だし、靴型にはめて機械に入れるときも、ミシンで革を縫うときも、その作業は人の手の感覚が大切になる。靴づくりのさまざまな工程に、熟練した職人さんの技が生きている。その技が、一人ひとりの足に合う靴をつくり出していく。特に、障害者の靴はたくさんの靴づくりの工程を経て、その人の生活に合わせた靴づくりの考えが生かされている。

子どもたちの手づくりの靴が、子どもの暮らしや親の仕事とつながっていくきっかけとなっていくだろう。

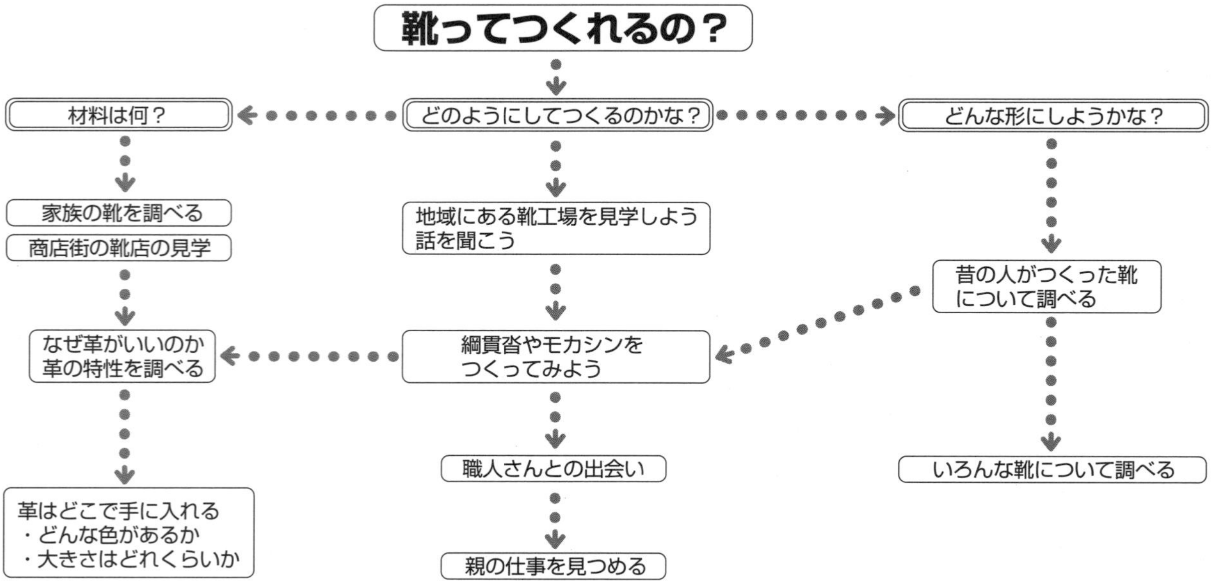

マイシューズをつくろう！ 学習の展開案

❶予想される子どもの声➡興味・関心を多様な入り口から引き出す。

「靴をつくる」という目的がはっきりしているので、つくるために調べておかなければならないなことを多様に考える。世界にたった一つだけの自分の靴をつくって、どんなときに履いてみたいかなどを話し合い、興味を引き出すようにする。

材料は何？

・家族の靴を調べてみよう。
・大人は革靴を履いている。
・靴店に行くと靴の材料がわかる。

つくり方は？

・紙や布を足に巻きつける。
・糸で縫う。毛糸で編む。
・つくり方を本で調べる。
・靴工場に聞きに行く。
　インターネットで調べる。
　靴会社に手紙を出す。
　パンフレットをもらう。

どんな形のくつ？

・靴店に行くとわかる。
・本で調べる。
・昔の人も靴を履いていたのかな。どんな形の靴かな。昔の人は手でつくったと思う。どんな靴か調べる。

❷学び①

調べ学習……靴づくりに必要な内容をはっきりさせていく。課題が広範囲だと、さらに小さなグループに分けることもできる。

❸学び②　全員で理解を深める学習

体験学習
・絵本『くつ』を参考に、簡単な靴をつくる。
・つくった靴を履いてみて、今の靴とどこが違うか考える。
・靴工場の見学や靴職人さんとの出会いをつくり出す。

❹発信

まとめたことを発表し合い、全体学習の場にする。
・靴づくりの工程・技術。
・靴づくりを劇にしよう。
・職人さんから学んだこと。
・靴づくりを絵や版画に描こう。

❺発展

一つのテーマの学習だけで、人権部落問題学習は完結しない。学年や教科の学習、自主活動などと関連させて、多様な学習へと発展させる。
・その人の生活に合わせた障害者の靴づくり。（障害児教育）
・仕事によって違う靴を調べる。（社会）
・体にいい靴を調べる。（健康教育）
・革の特性を生かしたスポーツ用の靴を調べる。（体育）
・世界の人びとと靴について調べる。（国際理解教育）
・つくった綱貫沓の展示。（自主活動）

試案❸　太鼓はかせになろう！

「太鼓」は子どもたちにとって、たいへん興味のある楽器である。

地域の夏祭り、秋祭りをはじめ、日本全国の祭りの話題を入り口として、「太鼓」を身近なものとして、子どもたちの前にまず登場させてやりたい。絵本『太鼓』は、さまざまな問題意識に答える内容を豊富に掲載したものといえる。

低学年では、「太鼓」への興味づけの取り組みを進めるため、本物の太鼓に触れさせたい。子どもたちのさまざまなつぶやきや疑問を大切にしたい。簡単なリズム打ちもできるだろう。地域の祭りのリズムを地域の人に教えてもらうのも絶好のチャンスとなる。

中学年では、子どもの疑問を大切にしながら、となりの国と日本の太鼓の違いや似ているところに気づかせたい。身体に響いてくる音や音色に心踊らせるだろう。朝鮮の太鼓「チャンゴ」や「プㇰ」、沖縄の太鼓「パーランク」との出合いもつくりたい。

高学年では、子どもたちが疑問や課題意識をもちながら学習を広げ、つなげていくことが大切になる。歴史的な視点、地域とのつながりから、各地域との接点も見えてくるだろう。職人の技や生き方と出会うことにより、子どもたちには社会と自分の暮らしへと目を向けさせていきたい。

太鼓演奏を聞く機会をつくることができれば、子どもたちは、自分たちも太鼓を打ってみたい、つくってみたいという意欲をもつだろう。

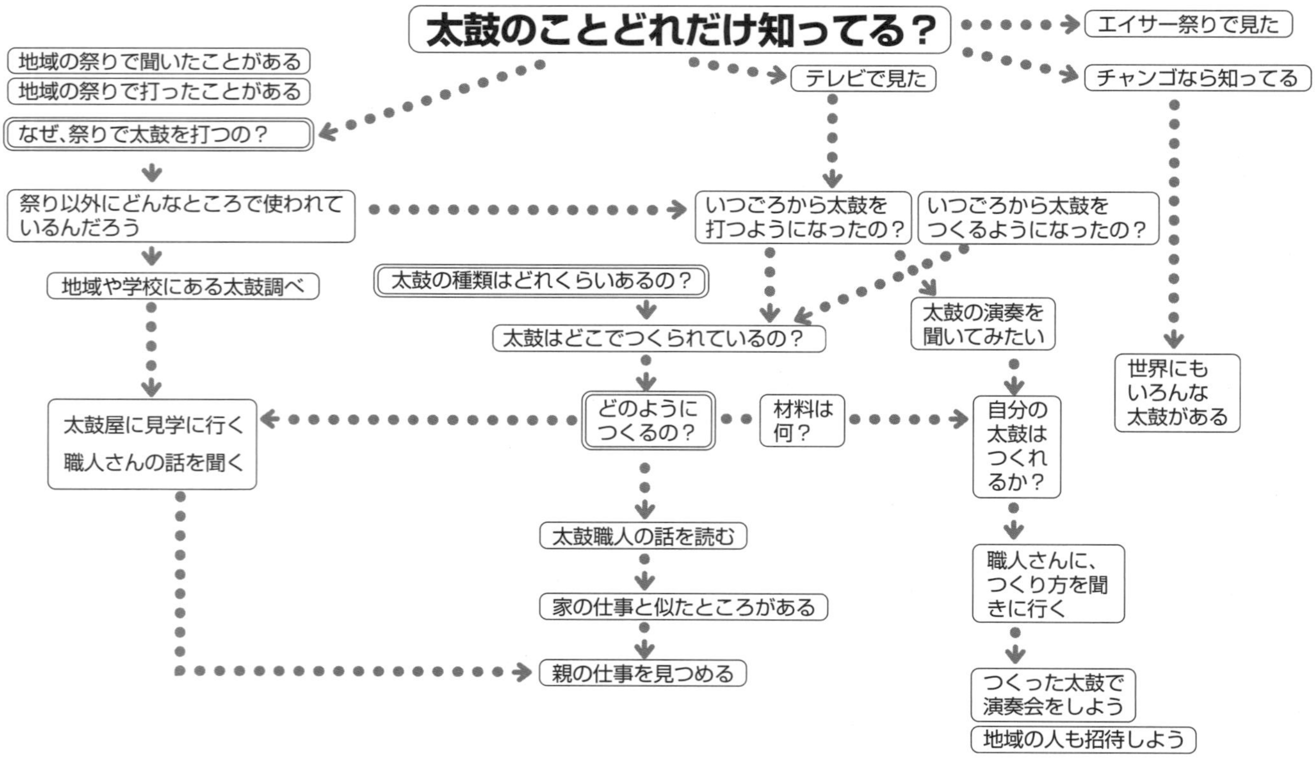

太鼓はかせになろう！ 学習の展開案

❶予想される子どもの声➡興味・関心を多様な入り口から引き出す。

祭りで和太鼓が打たれているのを見て「太鼓っていいなあ」「打ってみたいなあ」「打ったことあるよ」など、太鼓をめぐる話題を出し合い、子どもたちの興味を引き出す。和太鼓についてどんなことが知りたいか、問題意識を出し合う。

なぜ、祭りで太鼓を打つのだろう？

- いつごろから、始まったのか調べる。
- 地域の祭りでどんな太鼓を打ってるのか、地域の人に聞いてみよう。

太鼓の種類ってどれぐらいあるのかな？

- 大小の太鼓がある。
- 形の違う太鼓もある。
- 地域や国による太鼓の違い。

太鼓はどこでつくられるのかな？

- 太鼓を売っているところへ行って調べてみよう。
- 地域にある太鼓はどこでつくったのか。
- 皮の張り替えができると聞いたことがある。
- どこで張り替えてくれるか。

＝

各地域の部落史への発展

太鼓はどうやってつくるのか？

- 材料。
- 使われる部品。
- 太鼓づくりを調べる。

  つくるところを見てみよう。
- 太鼓をつくるときにどんな道具を使うのか。

❷学び①

調べ学習……太鼓のこと何でも知ってる“太鼓はかせ”になろう。

- 地域で打っている太鼓のリズム、演奏を聞く。
- 太鼓の材料、つくり方。
- 太鼓の種類。

❸学び②　全員で理解を深める学習

体験学習

- 太鼓づくりに挑戦しよう。
- 太鼓店に出かけて、目と耳で確かめる。
- 太鼓職人さんから、太鼓づくりの「技」を聞き取る。
- 「花押」は職人の誇り。

❹発信

太鼓はかせになって、発表しよう。

- 写真や絵などを使って、わかりやすくまとめる。
- 「太鼓づくり」を通じて、伝えたいことを考える。

❺発展

一つのテーマの学習だけで人権部落問題学習は完結しない。学年や教科の学習、自主活動などとも関連させて、多様な学習へと発展させる。

- 本物の太鼓演奏を聞きたい。（音楽）
- 太鼓の演奏会をやろう。家の人や地域の人を招待しよう。（自主活動）
- 太鼓づくりをつづり方に書こう、太鼓づくりの「職人の技」を言葉で表現する。（国語）
- 太鼓づくりを絵や版画に描こう。（図工）
- 太鼓の歴史をまとめる。（社会）
- 世界の太鼓も打ってみよう。（国際理解教育）
- 太鼓づくりの街のことを調べよう。（部落問題学習）

実践❶ お店やさんごっこ●橿原市立畝傍北小学校［2年］

生活科の「学校のまわりのたんけん」の学習を通して、働く人それぞれの仕事が、自分たちの暮らしとどのようにつながっているのか気づかせたいと考えた。

そこで、「いろいろなお店のたんけん」や「公共施設のたんけん」などの活動を考え、地域の人たちと出会う取り組みを進めた。

子どもたちは、好奇心いっぱいで、目を輝かせ、調べ学習に取り組んだ。特に、「ものをつくっているところたんけん」では、地域で「グラブをつくっているところさがし」に始まり、「靴づくり」の仕事へと活動をつなげていった。ものづくりのすばらしさを感じた子どもたちは、自分たちも「小物づくり」をして、それを買ってもらう「お店やさんごっこ」へと活動を広げていった。「心をこめてものをつくる体験を通して、ものをつくる人との出会い」を再確認していった子どもたち。

木の実、革など自然の素材を材料として取り上げ、その材料を手に入れるため地域へ出かけ、再び、地域の人たちと出会った。子どものものづくりは創造に満ちたものだった。

楽しく、生き生きとした子どもたちの意欲的な様子が、作品からも見えてくる。

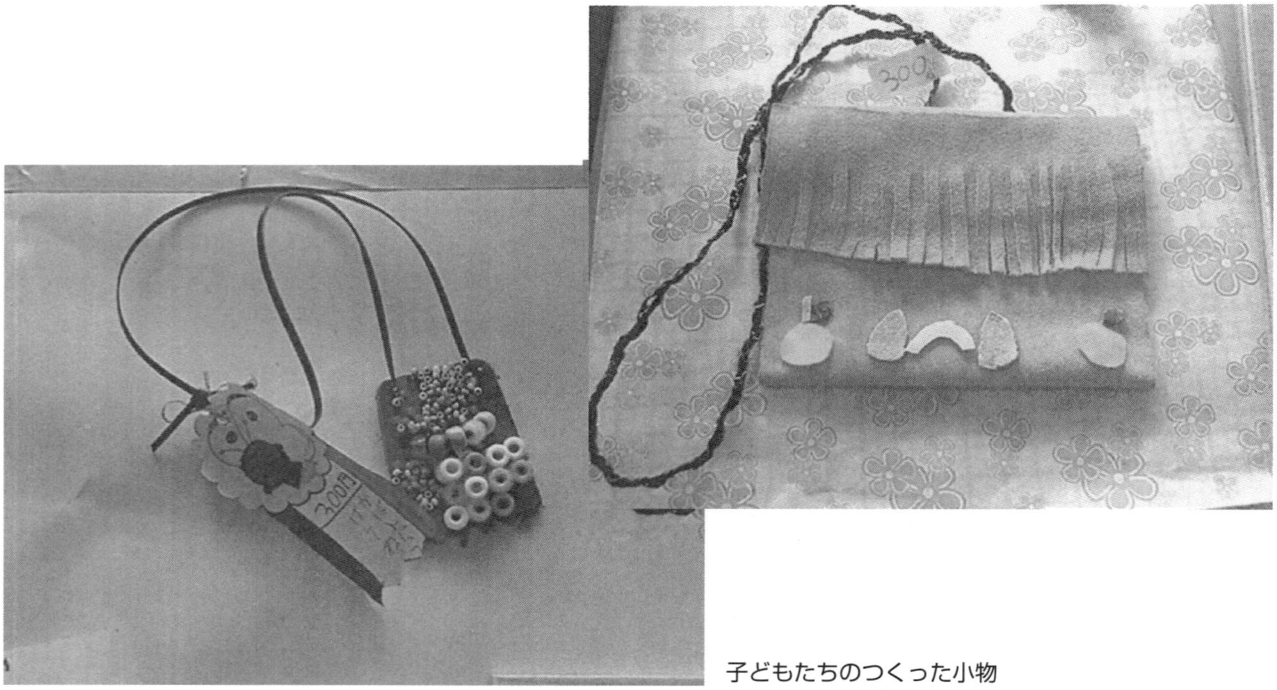

子どもたちのつくった小物

小物ができるまで

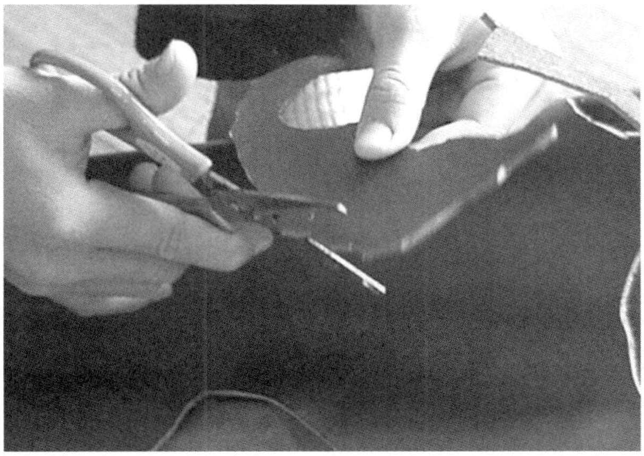

①切る

②皮をあむ

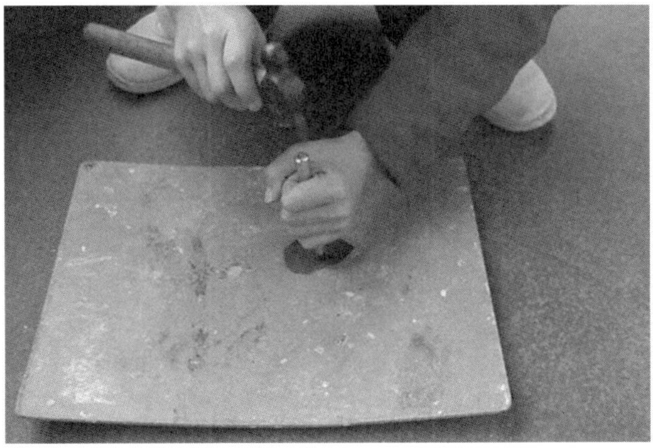

③ポンチであなをあける

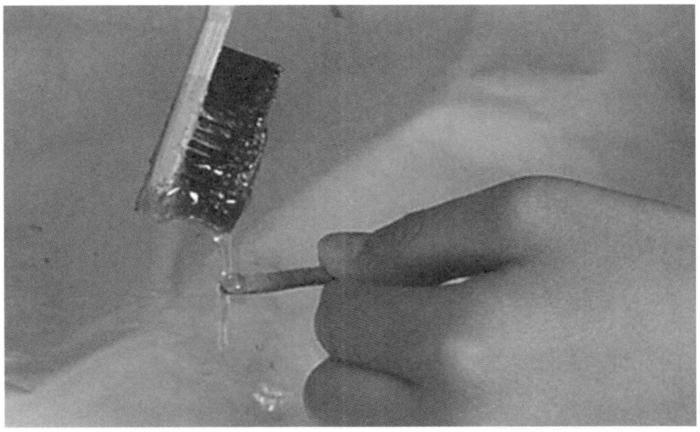

④ゴムのりを使う

どうしたら 買ってくれるかなあ

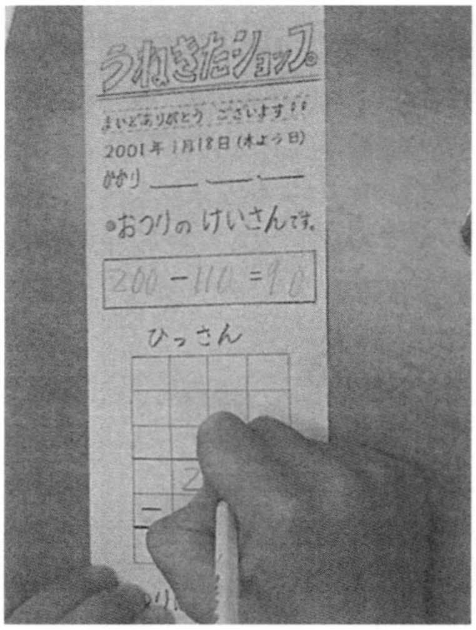

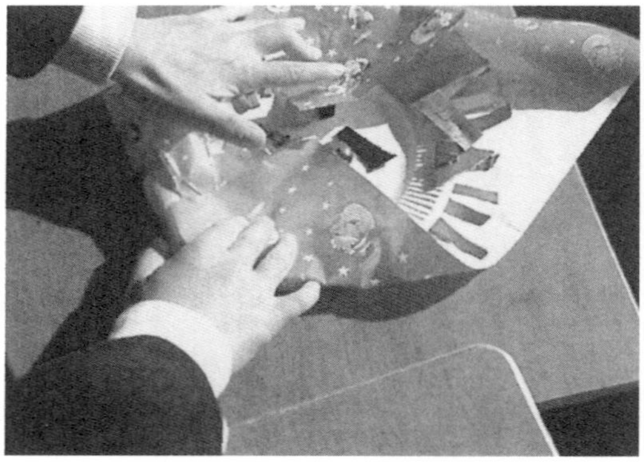

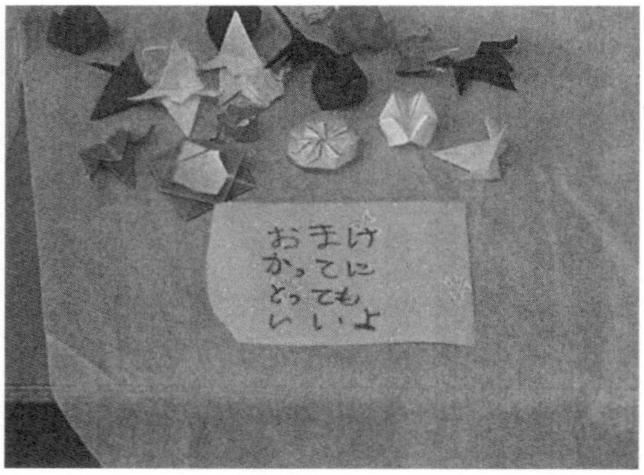

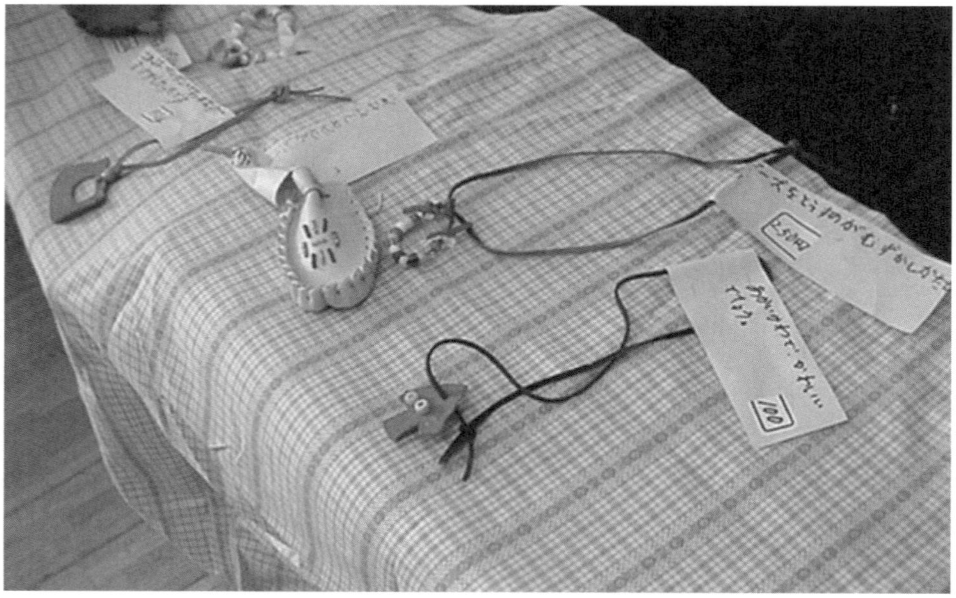

２年生の取り組み（2000年度）

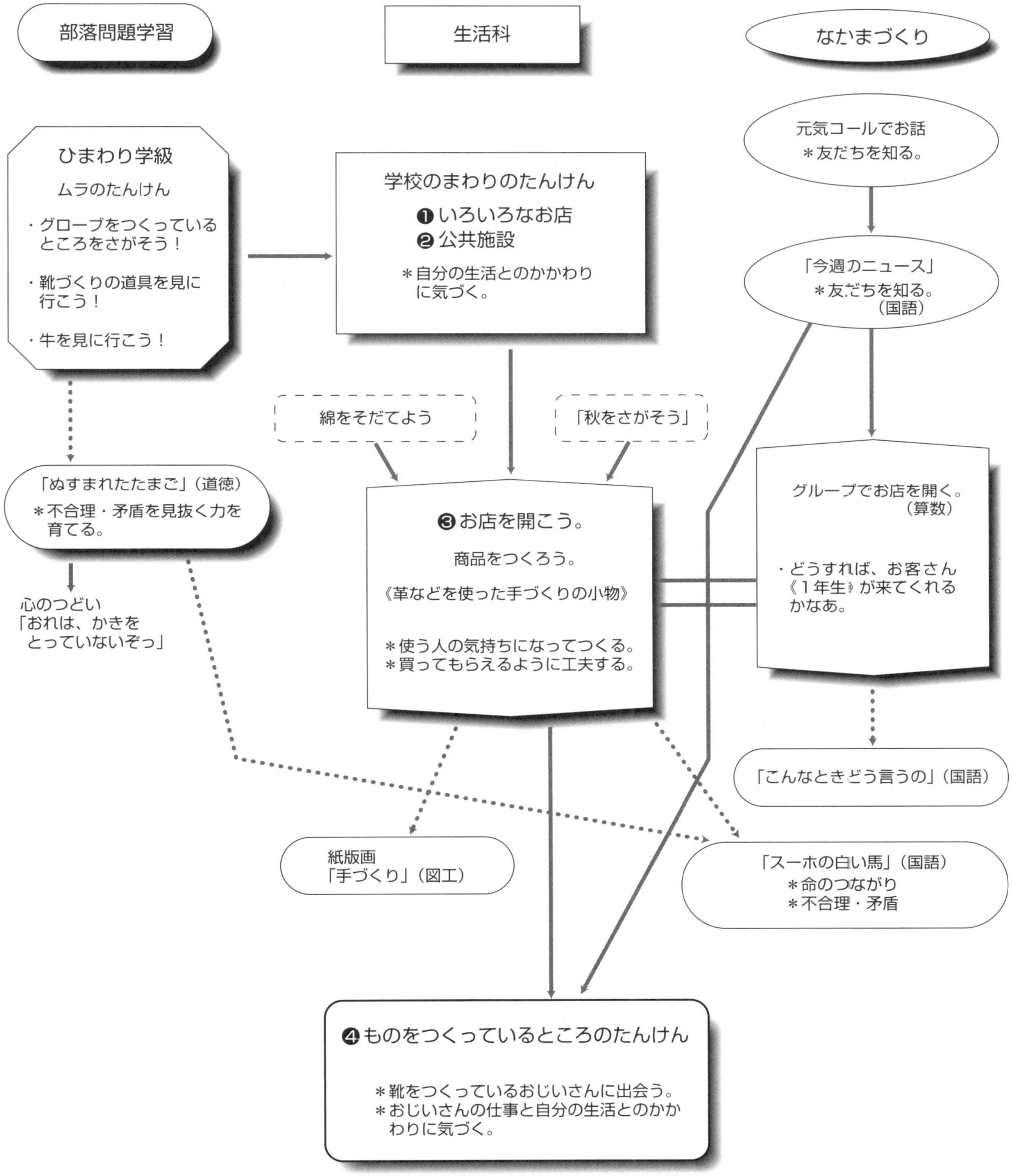
部落問題学習
生活科
なかまづくり
ひまわり学級
ムラのたんけん
・グローブをつくっているところをさがそう！
・靴づくりの道具を見に行こう！
・牛を見に行こう！
学校のまわりのたんけん
❶いろいろなお店
❷公共施設
＊自分の生活とのかかわりに気づく。
元気コールでお話
＊友だちを知る。
「今週のニュース」
＊友だちを知る。（国語）
綿をそだてよう
「秋をさがそう」
「ぬすまれたたまご」（道徳）
＊不合理・矛盾を見抜く力を育てる。
心のつどい
「おれは、かきをとっていないぞっ」
❸お店を開こう。
商品をつくろう。
《革などを使った手づくりの小物》
＊使う人の気持ちになってつくる。
＊買ってもらえるように工夫する。
グループでお店を開く。（算数）
・どうすれば、お客さん《１年生》が来てくれるかなあ。
「こんなときどう言うの」（国語）
紙版画
「手づくり」（図工）
「スーホの白い馬」（国語）
＊命のつながり
＊不合理・矛盾
❹ものをつくっているところのたんけん
＊靴をつくっているおじいさんに出会う。
＊おじいさんの仕事と自分の生活とのかかわりに気づく。

●感想文●

小物づくり

かわをつかって

かわを、きるときはかたくてなかなかきれなかったよ。あなあけぽんちでかわにあなをあけるときじかんがかかってたいへんだった。

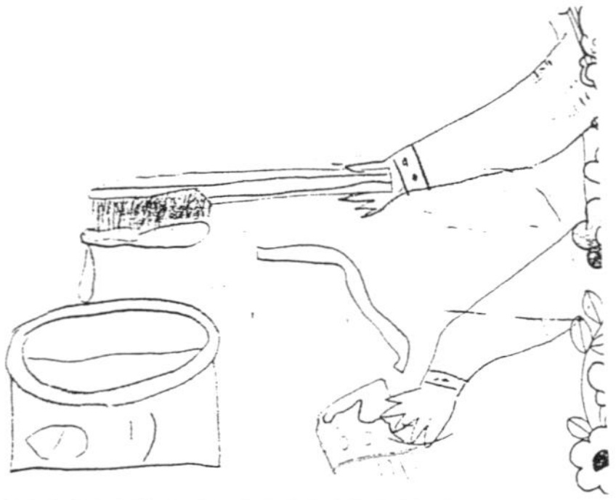

はけではじめてかわにのりをつけようとおもったらとりすぎてもどしたよ。においはくさかった。色は黄色かったよ。やっぱりよくくっついたよ。

お店屋さんごっこ

「うね北ショップ」

①1年生がきたときは、すごく、きんちょうしました。②1年生が、入ってきて、はじめに、2つのしなものがつぎつぎに売れて、うれしかったです。③売れたときに、すごい、スピードで、レシートをかかなくちゃならなかったから、びっくりした。④おつりが50円とか、多すぎたから10円がなくなって、ともだちがはしってとりに行ってくれた。⑤だんだん売れてきて、2こしか、しょうひんがなくなって、うれしかった。⑥その、2こも売れて、うりきれになって、すごくうれしかった。⑦今日、うり切れになったのは、みんなの、力だと思った。

たんけん

「くつ」

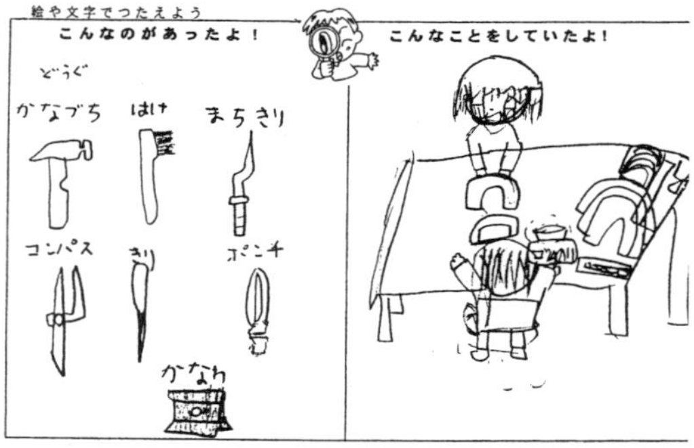

かなづちはひいおじいさんからつかってたからもつところがへこんでたよ。まちきりは、あまったかわをすってきるんだよ。きりは、しかくなところをそれをつかってまるくするよ。コンパスはなんミリにしたかったら目でみてかたをつけてそこをミシンをやるんだよ。かわのかたはさいしょからきりとってたけどつくるところはつけたりはったりぬうたりしていたよ。くつがのびないようになにかつけていたよ。

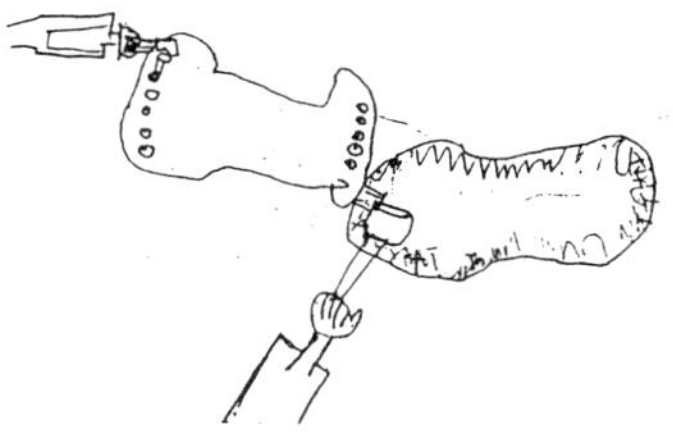

くつ作りを見て

そこのところをつくってるときくぎもうつのをしらなかったからびっくりした。くぎもうつんだなぁと思った。わたしはかんたんだと思っていたのにちがうかった。

くつ作り

そこをあつめてくぎでさして、ほうちょうで「ガガガガガ」と音をたてですっていました。ポンチでかわをあけていました。１回であながあいてすごいなぁーと思いました。２時間ぐらいでできてすごいなと思った。おじいちゃんとおばあちゃんがいそがしいところきてくれてうれしかった。

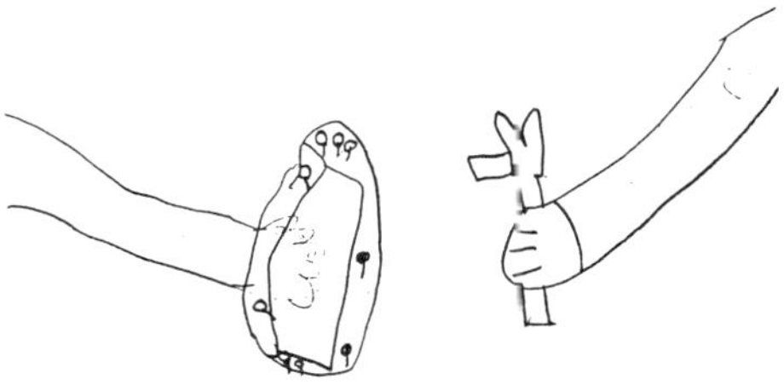

実践❷ かわの小物づくり●大阪市立住之江小学校［4年］

社会科の「伝統工業」の学習の発展として考えた「かわ」の学習だった。

牛１頭のなめし革を子どもたちの目の前に広げたとき、思わず、「大きいなあ！」という声が広がった。この驚きから「かわってどうやってつくられるんだろう」という疑問へ学習を進めていった。子どもたちの素直な感性が学習内容をつくっていった。

絵本『かわと小物』を使いながら、本物のかわに触れて、「つるつるして気持ちいいなあ」「これがかわのにおいか」と感覚を鋭くしながら、かわとの出合いを楽しむ子どもたち。 そして、いよいよ総合学習の取り組みとして、かわの小物づくりが始まった。

どんな小さなかわの切れはしも見逃さず、大事に使う子どもたち。すてきなかわとの出合いが作品にあふれている。

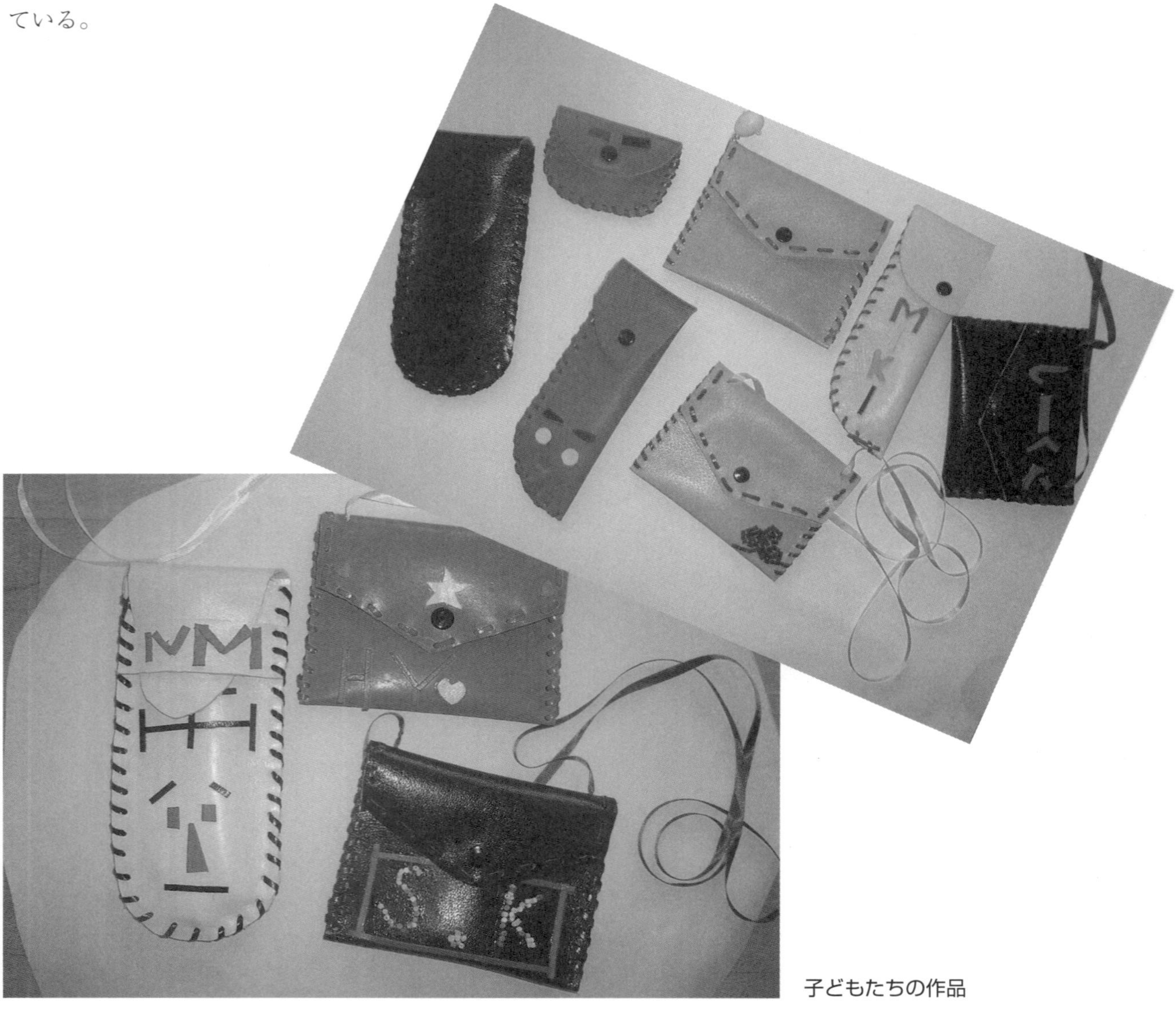

子どもたちの作品

コラム……皮づくりは、職人技 —— 職人さんの話

太鼓の皮づくりで、一番むずかしいのは「ニベとり」や。皮を1枚1枚うすくすいていく。皮は1枚1枚あつさが違う。同じ1枚の皮でも頭の部分とおしりの部分ではあつさが違う。それを同じあつさにしていく。それが一番むずかしい。じょうずな人でも1日に5、6枚しかでけへん。もう30年以上もこの仕事をしてる。でも、まだ一人前にならん。なかなかきれいにしあがらへん。その日その日によってしあがりが違う。やっぱり皮は「生きてんねんなあ」と思う。うまくいけへんことが続くと、ほんまに自分に腹がたつ。いやになる。ナイフの切れ味も毎日違う。うまいことすけたときは、急に名人になったような気がする。そんなときは、うれしいもんや。

夏はあせびっしょりや。冬は水使うから、手がかじかんでナイフも持たれへんかった。つらくて何べんやめようと思ったかわかれへん。

「かまぼこ」といって、1日中立ちっぱなしで、板にはりついて、前かがみになって仕事している。5枚もすいたら、腕や腰が痛くなる。腰がだるうて、だるうて……こんなきつい仕事やから、うちでも3人しかこの仕事してへん。この「すき」の仕事がいやで、やめていく人が多いんや。

「すき」の仕事は誰も教えてくれへん。人の技を見て自分のものにしていく。道具も一切さわらせてくれへんかった。道具はきちんと並べて置いてあり、少しでもさわるとおこられたもんや。「なんで教えてくれへんねん」とくやしい思いばかりやった。

ナイフは毎日自分でとぐ。刃をつくるのも仕事や。刃をとぐだけで10年はかかる。刃も自分でつくるんや。よう切れる刃つくったら、昼ごはん半分ですむねん。ナイフが切れへんかったら、力ばっかり使うから、おなかがへってふらふらになる。昼までもてへん。うまいこと刃つくれたときは、ほんまにうれしいもんやで。

この仕事している工場、昔はたくさんあったけど、残ってるのはうちだけや。「すき」の仕事も機械でしたらたったの2、3分や。そのかわり機械でしたやつは、あつさが同じになれへん。だからうちでは手ですいてる。手でしてるのはうちだけや。

わしのつくった太鼓の皮が、ええ音の出る太鼓になる。自分のすいた、太鼓の音を聞くと、しんどかったことをすうっと忘れてしまう。わしの太鼓が一つひとつふえてその太鼓をたたいてくれる人や、太鼓の演奏を聞いてくれる人がいると思うと、「よっしゃ、またがんばってええ皮つくるぞ」という気持ちになるんや。

（後略）

（『まつのみや』大阪市立松之宮小学校、1998年より）

実践❸ イチローのグラブがすぐ近くでつくられている！
●大阪市立鷺洲小学校［5年］

イチローのグラブをつくっている工房が大阪市福島区にあるという。この一つの新聞記事から、地域で生きる人や、地域で行われている仕事に出合う取り組みが始まった。

2001年10月17日、鷺《さぎ》洲《す》小学校の５年生の子どもたちとともに、シアトル・マリナーズのイチローのグラブをつくっておられる坪田さんの工房を見学させてもらった。

坪田さんの工房は、鷺洲小学校から歩いて３分ほどのところにあるミズノ株式会社のビルの一角にある。

こぢんまりとした部屋の中には長年使い込まれたと一目でわかるミシンや部分的に革をすく機械が置かれていた。

子どもたちと私はまず、子牛の半革が置いてある部屋に入った。グラブは、ほとんどの部分が雄の子牛の革を使ってつくられ、一部分に山羊の革や雄の革より柔らかい雌の革を使ってつくられているそうだ。

その半革からつくられるグラブの数は２つ。１つのグラブには70デシ（１デシは10cm ×10cm）の無傷の革が必要になるということだった。

グラブのよしあしは、80％が皮のよしあしによるそうで、50年ほど前に国産グラブをつくり始めたころは、革のよしあしを知るために、靴屋やカバン屋をまわったそうだ。今では、革に触れただけで、この硬さ（柔らかさ）ならどこのチームの誰だれのグラブにちょうどいいとわかるということだった。

その部屋にはイチローをはじめ、プロ野球選手の使用していたグラブが並べられていた。子どもたちは、まるでそこにその選手がいるかのように目を輝かせながら、坪田さんの話を聞いていた。

イチローのグラブのパーツが並べられた。全部で55のパーツからできているということだった。もちろんそのパーツの一つに「Ichiro」の刺繍が。

次にそのパーツを組み立ててグラブにしていくところを見せてもらった。手の甲にあたる部分をミシンで

縫っていく。縫い上げた後、余った革を先が二股になった包丁（彫刻刀のようなもの）で切り取る。切り取る部分はわずか数ミリメートル。ミシンで縫った糸を切らずにぎりぎりのところを切っていく。その速さといい、正確さといい、まさに職人技であった。

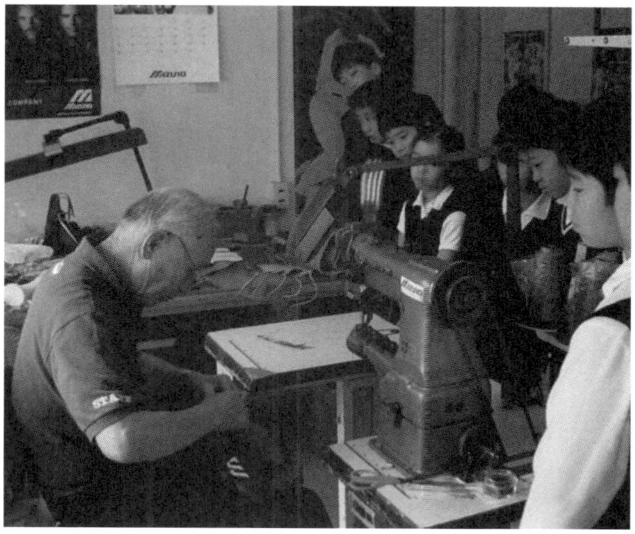

革をすく作業も機械を使い、あっという間に必要な部分をすいてしまう。これは子どもたちも体験させてもらうことができて大喜びであった。

そして、グラブに刻印を押す作業、それまでのどの作業もすべて手作業である。子どもたちは坪田さんの見事な手さばきの一つひとつに、感嘆の声をあげていた。

見学を終えて、ミズノ株式会社の社員ですら、そう簡単には手に入らないイチローのポスターを一人ひとりの子どもにいただいた。

子どもたちに見学の感想を聞いてみると、興奮さめやらぬ口調で、「来てよかった」「また来てみたい」と言っていた。子どもたちは、午前の見学を終え、午後から、自分の考えた質問を坪田さんにしてみようと意気込みながら、工房を後にした。

（大阪市同和教育研究協議会編・発行『部落解放の教育』340号、2001年より）

実践❹ 劇「世界でたった一つ 自分だけのくつ」

●大阪市立松之宮小学校［2年］

絵本『くつ』を参考にして、「綱貫沓」をつくった。子どもたちはいろいろな色の革に驚き、「きれいな色の革があるんや」と革の見方を変えていった。はし革や半革（１頭分の半分）を購入し、靴づくりに取り組んだ。革の表面を触ったり、においを嗅いだりと、子どもたちは楽しみながら作業した。

地域には靴工場がいくつかある。「底付け師募集」「製甲師募集」などの張り紙があり、下請けをしている家もある。この地域に子どもたちは暮らしている。靴づくりの仕事や職人さんと出会わせたい。そのための入り口になる取り組みだ。

学校の発表会。作業中の子どもたちのつぶやきを聞きとり、劇にした。つくった靴の写真やそれを履いて喜ぶ子どもたちの写真がスクリーンに映し出されると、はじめて革と出合った子どもたちの様子が伝わってきた。

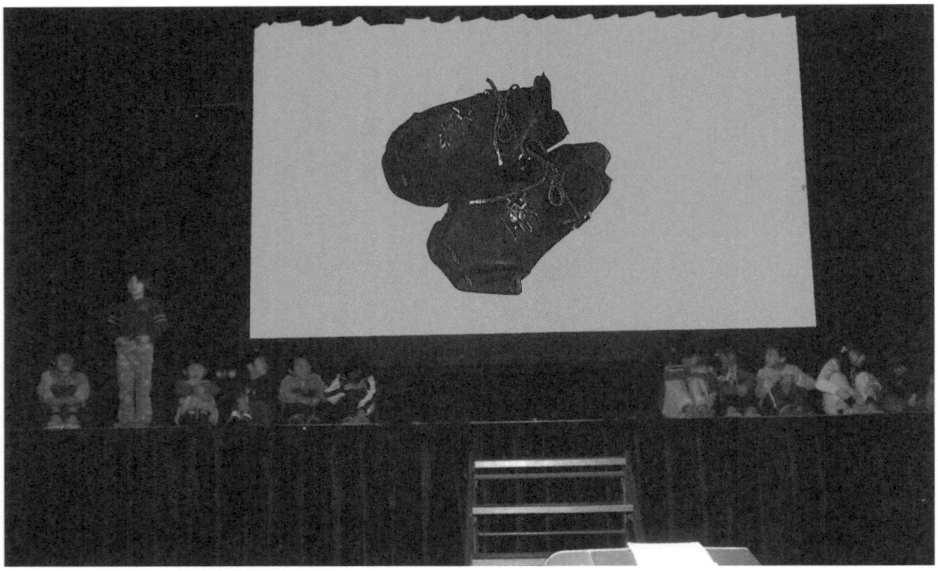

発表する子どもたち

劇「世界でたった一つ 自分だけのくつ」

先生役１人　子ども役１３人

1………自分だけの靴をつくろう

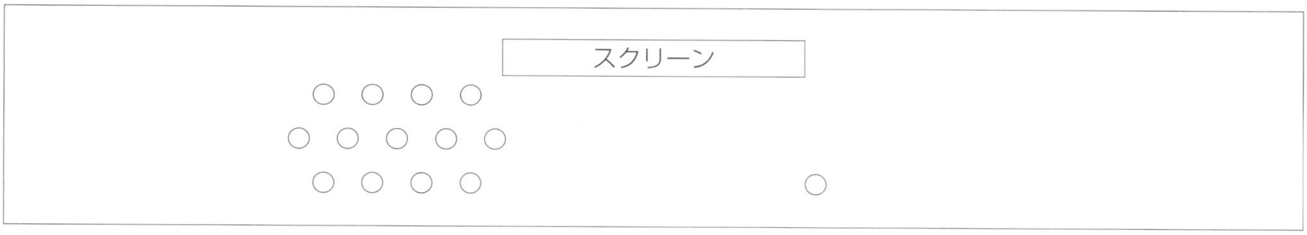

やくわり	話すこと	照明
みんな	あっ　先生が来た！（先生は上手から出てくる）	**普通照明**
(先生)	みんな、きょうから、自分のくつをつくるよ。	
みんな	ええっ――！	
(　　)	先生！　くつって　わたしらがつくれるの？	
(先生)	どうやったらつくれるか、みんなで考えるんや。	
(　　)	きれの上に足をのせて、ひもでくくったらつくれるのとちがう？	
(　　)	毛糸であんだらいい。	
3人	そうや。そうや。	
(　　)	おとうさんは、かわのくつをはいている。	
(先生)	よっしゃ。みんなも、かわでくつをつくろ。	
(　　)	そんなんでけへん。	
(　　)	そうや、そんなんむずかしい。	
(　　)	かわは、どこで買うん？	
3人、前にでてくる。		**スポット　左前**
(　　)	大むかしの人は、かわでつくったくつをはいて、田やはたけのしごとをしていました。そのくつは、「つなぬき」と言います。	写①
(　　)	ぶしが、馬にのるときに、はいた、くつもあります。	写②
(　　)	たびのような形をした、「たびぐつ」もありました。	写③

写真①～③は絵本『くつ』25頁

(　　)	かわは、じょうぶやからや。	**普通照明**
(　　)	水にぬれても、強いしな。	
(　　)	かわでくつをつくることを考えた人は、すごいと思う。	

暗転　　スクリーンの左右に分かれて１列に並んですわる。

2………靴づくり

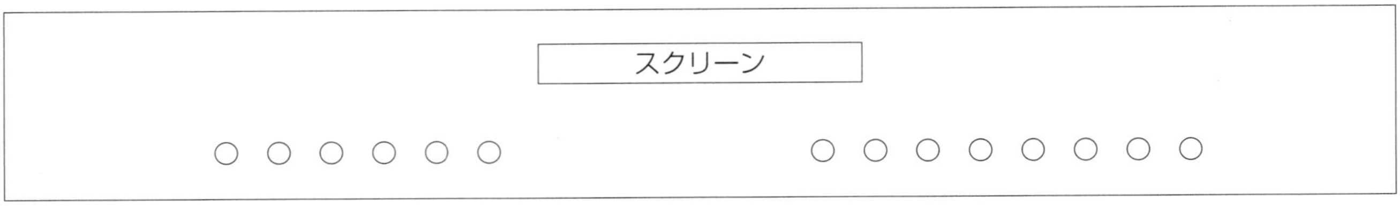

やくわり	話すこと	照明
（先生）	きょうは、かわをもってきました。	普通照明
はし革や半革を持って下手から出てくる。		
（　　）	ほんまや。赤や緑やいろんな色があるんや。	
（　　）	わたし、どの色のかわにしようかな。	
（　　）	（かわをさわって）	
	つるつるしているほうが、おもてやな。	
（　　）	（かわをさわって）	
	あっ。においがする。かわのにおいや。	
（　　）	（かわをさわって）	
	ほんまや。かわのにおいをかいだのは、はじめてや。	
（　　）	（かわを４人で広げる）	
	大きいな。これって、牛の形をしているんかな。	
（先生）	牛１頭分の半分で半革と言います。（革をたたんで上手に退き革を置く。その後右端にすわる）	
ポンチであなをあけたり、サンドペーパーで　こするかっこうをする。 つくった靴は一人ひとりの後ろに、見えないように置く。		スポットライト
（　　）	むかしの「つなぬき」というくつを、ヒントにしてかたがみをつくりました。	写④
（　　）	かたがみに合わせて、かわを切ります。	
（　　）	ひもを通すところに、ポンチであなをあけ、ひもを通します。	写⑤
（　　）	かかとをつくってはり、なかじきもはります。	写⑥
（　　）	かわとかわをはりあわせるとき、サンドペーパーでかわをこすります。	写⑦
（　　）	かわのひょうめんをざらざらにしたほうが、ボンドでくっつけやすいからです。	写⑧
（　　）	くつのうしろをはりあわせ、ひもをしぼります。	写⑨
みんなで　できた！（後ろに置いていた靴を掲げる）		

写真④〜⑨は絵本『くつ』６〜７頁

3………自分だけの靴ができた！

やくわり	話すこと	照明
つくった靴を履きながら一人ずつ立って発言する。（抜粋）		
（　　）	かわにひもを通すのがむずかしかったけど、くつにもようをはるのをがんばりました。楽しかったです。 このくつをはいてなわとびをしてみたいです。家でおかあさんにくつの話をしたら「そのかわ、どこでかってきた？」と言われました。 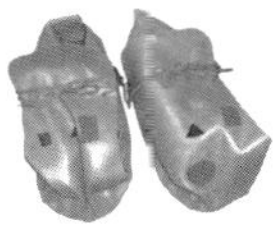	全員 スポット ライト
（　　）	かわに木づちであなをあけたり、そのあなにひもを通したり、できたくつにかわでもようをはったりしておもしろかったです。 このくつでダンスをするとどんな感じかなと思います。 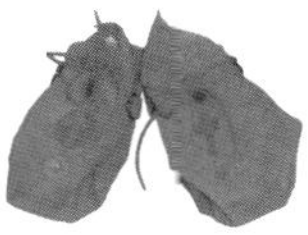	
（　　）	かわにひもを通してしぼるのがとてもむずかしかったです。でも、かざりがとてもうまくできました。かわの色がとてもきれいで好きな色だったので気にいっています。 スリッパにして家ではいてみたいです。 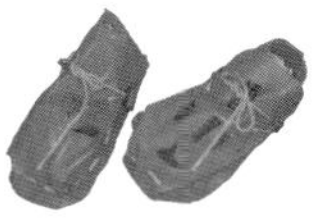	
（　　）	くつのかかとのところをボンドでつけるところがむずかしかったです。 でも、赤いひもがかっこいいです。よかったと思います。 くつをはいて運動場で思い切り走ってみたいです。 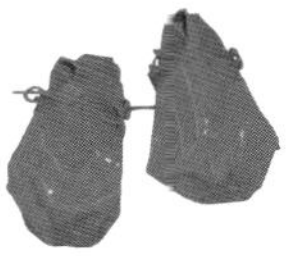	
（　　）	サンドペーパーでかわをこするときはむずかしかったです。でも、かざりをつけるのがおもしろかったです。くつを見せたら、うちの人にほめられました。 このくつをはいて外にあそびに行きたいです。 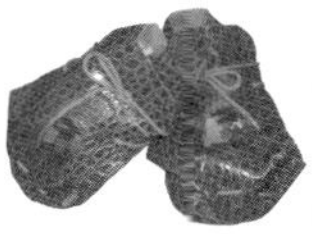	
（　　）	かわとかわをボンドでつけるのがむずかしかったです。もようにいろんなかわをつけるのが楽しかったです。ぼくはかわのにおいをはじめてかぎました。 このくつをはいて、なわとびがしたいです。 	
（　　）	かざりをつけるときに手にボンドがくっついたから、はりあわせるのがむずかしかったです。ひもを引っぱって、くつの先をまるい形にするのもむずかしかったです。ボンドが手についてにゅるにゅるしました。 このくつをはいてサッカーがしたいです。 	
（　　）	サンドペーパでかわをこするところをがんばりました。こすってもこすっても白くならなかったので、むずかしかったです。でもがんばったので、くつの形がうまくできました。 くつをはいて、みんなで大なわとびをしてみたいです。 	

やくわり	話すこと	照明
一列に並んで、数人ずつ立って言う。		
３人	かわでつくったくつはふわふわしています。	普通照明
３人	やわらかくて、気もちがいいです。	
２人	かるくて歩きやすいです。	
３人	歩いたときの音が小さいです。	
３人	つぎは、ほんもののくつのことをしらべたいと思います。	
みんなで	これで、２年生のはっぴょうをおわります。れい。	

靴ができ上がったとき、子どもたちはとても喜んでいた。「最初はできるとは思わなかった」と話す子どももいた。つくった靴を履いたとき、子どもたちの表情がいきいきしていたので、その写真をとって劇のなかで発表した。また、でき上がった靴を持って帰ると、家の人にできばえをほめてもらったり、革の購入や靴のつくり方について家で話題になったりしたそうだ。

後日、家の人の仕事について、見たり聞いたりして知っていることを書いた。そのなかで靴づくりの仕事について書いてきた子どもがいた。劇化を通して親の仕事や暮らしぶりを細かく見つめだした。

感想文

●わたしのお父さんのしごとは、くつを作るしごとです。いつも７時か８時、おそくても９時か10時に帰ってきます。しごと場では、かかとをはり合わせたりしているそうです。春には夏のくつ、秋には冬のくつを作っています。ブーツやかかとが高くなっているくつ、いろんなくつを作っています。前、家にかかとのちょっと高いくつをもって帰ってきていました。

お父さんは、しごと場で、きかいをつかって人さしゆびにけがをしていました。休みのときにはおふろにつれていってくれたり、あそびにもつれていってくれます。

●ぼくのお父さんは、家でくつのしごとをしています。ミシンで、かわに糸を合わせてぬうています。たまに、両めんテープをはって、かわとかわをはり合わせるために、かわのはしっこをはって、ハンマーでたたいてはがして、ひっつけています。

お父さんは、いそがしいときは、ぼくがねているときも音を鳴らして、しごとをやっています。たまにいそがしいときは、お父さんの友だちがいっしょにしごとをしてくれるので、おとうさんは「ありがとう」と言って、お礼にばんごはんをいっしょに食べています。

コラム……手縫いの八《はち》幡《まん》靴《ぐつ》

滋賀県近江八幡市で皮革製品がつくられるようになったのは、江戸時代のはじめごろといわれています。

市立資料館にある太鼓には、江戸時代に近江八幡で太鼓をつくっていた職人の銘《めい》が記されています。蒲生郡八幡林村とあるのは、現在の八幡町のことです。

太鼓張り替えの請負証文も残っています。今でいう保証書にあたります。

それによると、1848（嘉永元）年、中小森村の世話役に飛之吉という太鼓職人が張り替えの仕事に５カ年の保証をしています。

太鼓づくりとともに履物づくりも盛んに行われていたようです。

明治のはじめには、林村の戸数は111戸、人口577人で、その6割に定職はなく、100人足らずの人が履物をつくる仕事に従事していました。

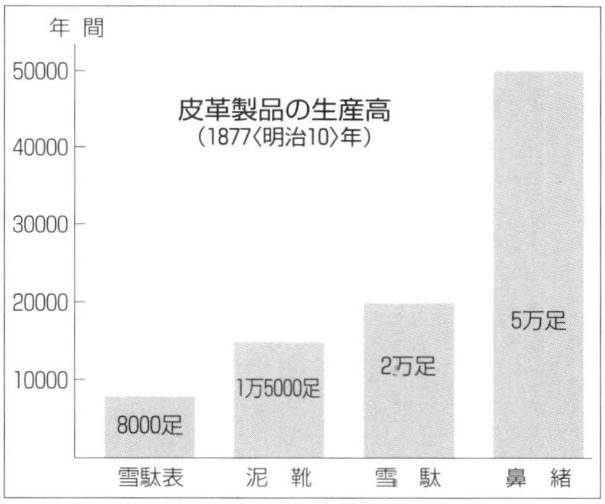

1877（明治10）年には、右のグラフにあるような履物がつくられていました。

こうした履物づくりが後に紳士靴の町として発展する土壌となったようです。

その後、日本の近代化とともに、近江八幡の履物づくりは西洋式の靴へと移行していきました。

大正時代には、この村から靴の製造と販路を開拓するために、ロシアのウラジオストックに渡った人も出てきました。当時の八幡町の人は進取の気風に富んでいたようです。

当時の靴はミシンもなく手縫いでつくられていました。

今日でも、その手縫い靴の伝統を受け継ぎ、近江八幡の靴は軽くて丈夫で履き心地のよい靴として高い評判を集めています。

昭和30年代には、最盛期を迎えた近江八幡の靴産業は、昭和40年代から徐々にかげりを見せてきました。

高齢化や機械化により、昔ながらの手縫いの靴をつくれる職人さんは少なくなり、その技術を受け継ぐ後継者問題が深刻になってきました。

（近江八幡市　ビデオ『伝統技術の記録　手縫いの八幡靴』より抜粋）

パスポート

実践❺ 和太鼓演奏の発表●大阪市立松之宮小学校［5年］

太鼓店の見学。そこで太鼓職人の「ドンカッカ、ドンカッカ」と木づちで太鼓皮を伸ばしていくリズミカルな作業を見る。職人の技に支えられてつくられる太鼓。

「打ちたい」という子どもたちの願いが太鼓演奏の実現となった。

『はじめての和太鼓演奏　ビデオ版』を見ながらイメージをつくり、冊子『はじめての和太鼓演奏』で事前学習をした。その後、太鼓集団「雷《いかずち》」の坂東弘子さんの指導を受けて太鼓のリズムと子どもたちの心が一つになって、聞く人たちに響いていった。

次の頁に掲載する譜面は、坂東さんがアレンジした「MIYAKE」を、指導しやすく口唱《くちしょう》歌《が》に表したものである（詳しくは、『はじめての和太鼓演奏』32頁参照）。

『はじめての和太鼓演奏』

『はじめての和太鼓演奏
ビデオ版』

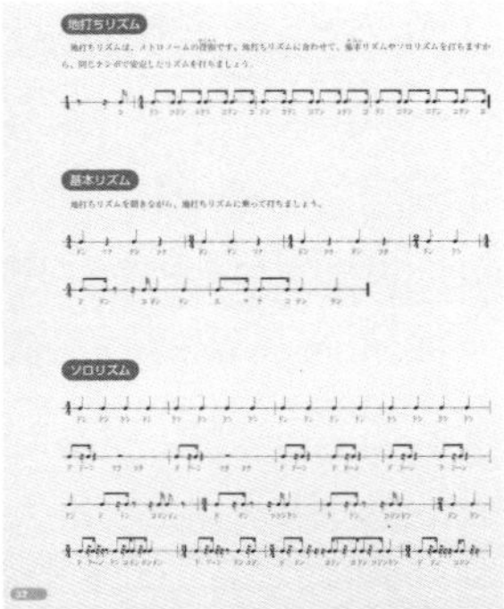

『はじめての和太鼓演奏』
32頁

練習する子どもたち

「MIYAKE」（雷：創作曲）

	ソロチーム		基本からチーム	地打ちからチーム	
	ソロ1	ソロ2	基本から始めて、地打ち、ソロ	地打ちから始めて、ソロ、地打ち	
1				掛け声　そいやー	
2				ドンコ×8	
3			ドンツク　ドンツク　ドンドンツク	ドンコ×8	
4			ドンツク　ドンツク　ドンドン	ドンコ×8	
5			ド　ドンコ　ドンドン　ドドンコドンドン　ツク	ドンコ×8	
			3回　くりかえし	3回　くりかえし	
6	ドン　×8　まわす		ドン　×8　　まわす	ドンコ×8	
7	ドン　×8　まわす	ドン　ドン　う　ドン　×2	トントン　う　ドーン　×2	ドンコ×8	
8	ドン　×8　まわす		ドン　×8　　まわさない	ドンコ×8	
9	ドン　うん　×　4	左手だけ肩からたたく	ドンツク　ドンツク　ドンツク　ドンツク	ドンコ×8	
10	トン　トン　う　ドーン　×3		右手を頭の上で回し　座り　地打ち	ドンコ×8　×3　3回目で立つ	
11	ドン　×8　まわさない		ドンコ　×8	ドン　×　8　まわす	
12	トン　トン　う　ドーン　×3		ドンコ　×4　×3	トン　トン　う　ドーン　×3	
13	ドンツク　ドンツク　ドンツク　ドンツク		ドンコ　×8	ドンツク　ドンツク　ドンツク　ドンツク	
14	ドン　×8　まわす		ドンコ　×8	ドン　×8　まわす	
15	ドッコドッコドッコドッコ　×3	だんだん　大きく	ドンコ　×4　×3	トン　トン　う　ドーン　×3	
16	トン　う　ドーン　×2		ドンコ　×3　×2	トン　う　ドーン　×2	
17	ドン　×　4　まわす		ドンコ　×4	ドン　×4	
18	ドン　×　5　まわす		ドンコ　×5	ドン　ドドンコ　ドンドン　（右　右左左　右左）	
19	ドン　×　4　まわす		ドンコ　×4	ドドンコ　ドンドン　（右左左　右左）	
20	トン　トン　う　ドーン		ドンコ　×4	ドン　×4	
21	うん　うん　ドン　ドン	ドドーン　と　交互に	ドンコ　×4　×2	ドドーン　つくつく　×2	
22	ドドーン　×4		ドンコ　×8	ドドーン　×4	
	くりかえし		くりかえし	くりかえし	
23	ドン　×8　まわさない		ドンコ　×8	ドン　×8　まわさない	
24	ドンコ　×8		ドンコ　×8	ドンコ　×8	
25	ドドンコ　ドッコドン　ドドンコ　ドン（右左左　右左右　右左左　右）		ドンコ　×6　ドン	ドドンコ　ドッコドン　ドドンコ　ドン（右左左　石左右　右左左　右）	
	座る	右手を　上にあげて　おろしながら　座る	1．2．3．で立つ　4でひく	座る	
26			ドンツク　ドンツク　ドンドンツク		
27			ドンツク　ドンツク　ドンドン		
28			ド　ドンコ　ドンドン　ドドンコドンドン　ツク		
			3回　くりかえし		
29			ドンツク　ドンツク　ドンドンツク	ドンツク　ドンツク　ドンドンツク	
30			ドンツク　ドンツク　ドンドン	ドンツク　ドンツク　ドンドン	
31			ド　ドンコ　ドンドン　ドドンコドンドン　ツク	ド　ドンコ　ドンドン　ドドンコドンドン　ツク	
			3回　くりかえし	3回　くりかえし	
32		ドンツク　ドンツク　ドンドンツク	ドンツク　ドンツク　ドンドンツク	ドンツク　ドンツク　ドンドンツク	ドンツク　ドンツク　ドンドンツク
33		ドンツク　ドンツク　ドンドン	ドンツク　ドンツク　ドンドン	ドンツク　ドンツク　ドンドン	ドンツク　ドンツク　ドンドン
34		ド　ドンコ　ドンドン　ドドンコドンドン　ツク	ド　ドンコ　ドンドン　ドドンコドンドン　ツク	ド　ドンコ　ドンドン　ドドンコドンドン　ツク	ド　ドンニ　ドンドン　ドドンコドンドン　ツク
		3回　くりかえし	3回　くりかえし	3回　くりかえし	3回　くりかえし
35	ドンツク　ドンツク　ドンドンツク	ドンツク　ドンツク　ドンドンツク	ドンツク　ドンツク　ドンドンツク	ドンツク　ドンツク　ドンドンツク	ドンツク　ドンツク　ドンドンツク
36	ドンツク　ドンツク　ドンドン	ドンツク　ドンツク　ドンドン	ドンツク　ドンツク　ドンドン	ドンツク　ドンツク　ドンドン	ドンツク　ドンツク　ドンドン
37	ド　ドンコ　ドンドン　ドドンコドンドン　ツク	ド　ドンコ　ドンドン　ドドンコドンドン　ツク	ド　ドンコ　ドンドン　ドドンコドンドン　ツク	ド　ドンコ　ドンドン　ドドンコドンドン　ツク	ド　ドンコ　ドンドン　ドドンコドンドン　ツク
	3回　くりかえし		3回　くりかえし	3回　くりかえし	3回　くりかえし
	すぐに　座って　ふちうち			すぐに　座って　地打ち	
38	カッ　うん　×8	右手で手前のふちを打つ	ドンツク　ドンツク　ドンツク　ドンツク	ドンコ　×8	
39	カッ　うん　×8		ドン　×8　まわす	ドンコ　×8	
40	カッ　うん　×4　×3		トン　トン　う　ドーン　×3	ドンコ　×4　×3	
41	カッ　うん　×3　×2		トン　う　ドーン　×2	ドンコ　×3　×2	
42	カッ　うん　×4		ドン　×4	ドンコ　×4	
43	カッ　うん　×5		ドン　ドドンコ　ドンドン（右　右左左　右左）	ドンコ　×5	
44	カッ　うん　×4		ドドンコ　ドンドン　（右左左　右左）	ドンコ　×4	
45	カッ　うん　×4		ドン　×4	ドンコ　×4	
46	カッ　うん　×4　×2		ドドーン　つくつく　×2	ドンコ　×4　×2	
47	カッ　うん　×8		ドドーン　×4	ドンコ　×8	
	くりかえし		くりかえし	くりかえし	
48	ドンコ　×8		ドン　×8　まわさない	ドンコ　×8	
49	ドンコ　×8		ドンコ　×8	ドンコ　×8	
50	ドンコ　×6　ドン		ドドンコ　ドッコドン　ドドンコ　ドン（右左左　右左右　右左左　右）	ドンコ　×6　　ドン	
	1．で立つ				
	ドンツク　ドンツク　ドンドンツク	←この　基本3回のうちに　次の　演奏者と　入れ替わる			
	ドンツク　ドンツク　ドンドン				
	ド　ドンコ　ドンドン　ドドンコドンドン　ツク	（2回目に　演奏するグループは全員で基本を5回打つ）			
	3回　くりかえし				
	ドンツク　ドンツク　ドンドンツク	次の演奏者　座ってかまえる			
	ドンツク　ドンツク　ドンドン				
	ド　ドンコ　ドンドン　ドドンコドンドン　ツク				
	2回　くりかえし	打ち終われば　次の演奏者と交代			

2003　松之宮小学校　5年

発表する子どもたち

発表会で子どもたちは和太鼓演奏に取り組んだ。お互いの演奏の練習成果を確かめ合う場として一堂に集まり、演奏を聞き合った。「チャングとプクは和太鼓や締太鼓に似ている」「打ち方は違うけど、どちらもよく響く音が出る」など、相互の楽器の特徴を教え合ったり打ち合ったりした。発表会に向けて「がんばろう」とはげましあう子どもたち。保護者や地域の人の前で発表することを通して、一人ひとりの子どもの自信へとつながっていった。発表会の後、子どもたちは確かな手応えを感じていた。感想文を読むと、もっと子どもたちにたくさんの出会いをつくっていきたいと思う。

感想文

●午後の分の一番最初は、ぼくたちの和太鼓演奏の「MIYAKE」だったから、児童会室で着替えた。なぜかとてもきんちょうしていた。発表する６人が言い終わった後、やすなり君が「パチッ」とばちをならして舞台に上った。まきさんの「そいやっ」というかけ声でぼくたちの演奏が始まった。きんちょうしていたが、そんなことも忘れてむがむちゅうで打っていた。心の中で「うまくいっている」と思った。一度、ぼくたちがぬけてもう１チームが入った。舞台の横で「はっ」「そいやっ」とむちゅうで声をかけた。全員がそろって基本を２回打った。太鼓のふちを「カッ」とたたいて終わると、拍手がもりあがった。

ふりかえってみると、練習をすればするほど、どんどん楽しくなっていきました。「むずかしいことでも、がんばればできる」ということがわかりました。

●わたしは、たいこのリズム打ちには自信があったけど、腰をおろすことや、声、うでのあがりぐあいなどは、自信がなかった。

朝の練習やほかの時間の練習をつみかさねてきたかいがあったなあと思いました。そのとき、言葉にあらわせないぐらいうれしかった。

最初は、すごく不安がいっぱいあったけど、発表がおわったあとは、もう１回やりたいと思いました。

お母さんが来て「うまかったやん！」と言われて、うれしかった。仕事があったのに来てくれたお父さん、しんどいのに来てくれたおばあちゃん、おじいさんに、お礼を言いたかった。

坂東さんに教えてもらって、まちがえないで、できてよかった。

コラム……太鼓を打つ人の埴輪

日本に太鼓があったという一番古い証拠は、古墳から見つかった、太鼓を打つ人の埴輪だといわれています。

この埴輪は、6〜7世紀の群馬県佐波郡から出土したものです。

➡絵本『太鼓』27頁

（東京国立博物館所蔵）

実践❻ 「見る」太鼓から「打つ」太鼓へ！ 和太鼓の取り組みから

●大阪市立木津中学校［1年・2年］

●………はじめに

木津中学校は、大阪市浪速区南部のほぼ中央に位置し、北にはOCAT、東には日本橋のでんき街や通天閣、フェスティバルゲートなどがあり、商業地域と住宅地域が混在した地域である。浪速区には、３つの中学校と９つの小学校、そして難波養護学校や中華学校があり、「フレンズカップオブナニワ」や「なにわ子ども人権文化祭」などの行事を通じて、学校間の連携が生まれ、子どもどうしの交流が図られている。「フレンズカップオブナニワ」は、浪速子ども球技大会とも呼ばれ、スポーツを通じて区内の小・中学生の健全育成を図るとともに、人権や自己表現を基調とした仲間づくりを行うことを目的として実施されている。「なにわ子ども人権文化祭」は、一人ひとりが身近なことに関心をもち、生活の中で生命を大切にし、人権を尊重する態度を養うこと、また、区内の小·中学生が互いに交流することによって仲間づくりのネットワーク化を進めるために行われている。

●………太鼓とのかかわり

浪速は、かつて「皮革の町」といわれ、町のあちこちに、牛の皮が干されていたり、皮が高く積み上げられている光景が見られた。現在でも木津中学校校区では、皮革関連の仕事をしているところが多く、校区内を巡ると皮革を加工する機械の音が聞こえてくる。

また、浪速は「太鼓の町」ともいわれ、区内には、現在も４軒の太鼓屋さんがある。そこで働く年配の職人さんたちの多くは、子どものころから見よう見まねで仕事を覚え、生活のため、生きていくために、太鼓づくりを続けてきた。そして、職人さんたちは、差別に屈することなく、現在も誇りをもって太鼓づくりを続けている。

校区にも、そのうち２軒の太鼓屋さんがあり、どちらの太鼓屋さんも、本校の卒業生の実家であるなど、本校とは深いつながりがあった。そんななか、地域の伝統産業である「太鼓づくり」を、ぜひ教育活動に取り入れようと校内で協議を続けた。そして、2000年度から始まった職場体験学習の取り組みの一つとして、１年生が地域の太鼓屋さんで太鼓づくりの体験を行うことになった。そこでは、太鼓に張られている牛の生皮を触ってみたり、皮を太鼓の胴に張り付ける作業を手伝ったりするなど、一人ひとりが太鼓づくりの一端を体験することができた。以下は、太鼓づくりを体験した生徒の感想である。

感想文

●太鼓店の中には、牛の皮が壁いっぱいに山積みになっていて、いまにも落ちそうでした。皮張りのとき、職人さんが太鼓の上にのぼった。ぼくは、「やぶれるかなぁ」と思ったけどいがいにやぶれなかったので、「皮は強いなぁ」と思いました。

●太鼓店には、大きな太鼓が１つ置いてありました。そのあと職人さんが皮を張っていきました。店の天井には、大きな穴が１つあいていました。はじめは「何かなぁ」と思っていると、太鼓の皮を張り、その上から乗っているときに、その穴に手をかけながら、足でふんでいるのが見えました。次に印象に残っているのは、鋲打ちです。

鋲がきれいに一直線になっているところは、「職人技だなぁ」と思いました。

●太鼓店では、はじめに胴の中を見せてもらい、あんな大きな胴の中をきれいにくりぬくのは、すごく時間がかかるし、手も痛そうだなぁって思った。そのあと、皮をはって、みんなで木づちでたたいてみました。はじめはむずかしかったけど、たたいているうちに、楽しくなってきました。太鼓を作っている人は本当にすごいと思いました。

●今日はじめて、太鼓をつくるところを見ました。そして作業を手伝わせてくれました。最初くねくねの皮が、だんだんと伸びていったのがすごかったです。太鼓の上にのって、皮をふむのは、むずかしそうでした。鋲を打つのもむずかしそうでした。でも職人さんは、すごく早くて上手でした。１つ作るのも大変なのに、いっぱい作るのはもっと大変だと思いました。でも楽しそうに作っていました。

一方で、部落問題をはじめとするあらゆる差別に反対し、人権啓発のために浪速の地域で活動している太鼓集団「怒《いかり》」の活動に出合った。太鼓集団「怒」は、地域の伝統産業である「太鼓づくり」をすべての人に正しく認識してもらうために、そして浪速を「太鼓の音が聞こえる町に」という願いから、1987年に地域の青年たちが中心となって結成された太鼓集団である。本校では、同和教育をはじめとする人権教育の取り組みの一つとして、1997年度に地域の太鼓集団である「怒」を本校に招いての太鼓演奏が実現した。

また、2000年度には、「なにわ子ども人権文化祭」のオープニングセレモニーとして、校区のすべての小学生や中学生が本校に集まり、太鼓集団「怒」の演奏を鑑賞することができた。そして2003年度は、11月に行われる本校の休日参観で太鼓集団「怒」の演奏を予定している。

こうして本校の太鼓にかかわる学習は、太鼓職人の生き抜いてきた姿から学ぶ学習と太鼓の打ち手の部落解放に向けた熱い思いから学ぶ学習の両面から進められることになった。

●………「見る」太鼓から「打つ」太鼓へ

木津中学校では、以前から生徒一人ひとりが興味・関心をもって授業に取り組めるように、４教科で選択授業を実施している。そして、2000年度からは、２年生の選択音楽で和太鼓の授業を実施することになった。しかし、当時、本校には、太鼓演奏を指導できる教員が１人もいなかった。そこで、地域で活動している太鼓集団「怒」の代表の方に相談したところ、太鼓演奏の実技指導を快く引き受けていただいた。また、太鼓も学校には長胴太鼓が１台（卒業生の記念品）あるだけで、多人数が一同に練習できる状態ではなかった。

そこで１年目は、毎回選択授業の時間になると、生徒とともに地区内施設まで出向いて練習を行ったり、授業の前日に「怒」の太鼓を学校まで運んで、道場や体育館で練習を行ったりした。しかし選択授業の時間だけでは十分な練習ができず、生徒から「もっと練習の時間がほしい」「もっと練習をしたい」などの声があがり、夏休み中や始業前、そして放課後の時間も活用して、熱心に練習に打ち込んだ。そして、その練習の成果を、秋に行われた本校の文化祭で発表することになった（木津中学校の文化祭は、1999年より校区の「なにわ子ども人権文化祭」と連携しており、本校の生徒をはじめ校区の大国・敷津・難波元町小学校からも高学年を中心に参加している。そして、中学生の劇や小学生の舞台発表をお互いに鑑賞し合ったり、小学生と中学生が一緒になってクイズ大会を行うな

どの交流が行われている）。

2001年度は、長胴太鼓に加え平太鼓や締太鼓も揃えることができ、学校で思いっきり練習することができるようになった。そして昨年同様、秋の文化祭で発表を行った。

2002年度は、10名の生徒が選択音楽を受講した。今回も、長胴太鼓、平太鼓、締太鼓の３つのパートに分かれて、練習に打ち込んだ。そして毎回、指導者が来て熱心に実技指導を続けてくれた。生徒もそれに応えるかのように、熱心に太鼓の練習に打ち込み、バラバラだった太鼓の音がだんだんと一つになっていった。そして、秋の文化祭では「怒」の方々が応援に駆けつけ見守るなかで、体育館いっぱいに和太鼓の音を響かせた。

以下は、選択音楽を受講した生徒の感想の一部である。感想からは、子どもたちの太鼓への熱い思いが感じとられた。

感想文

●「怒」のみなさんが、一生懸命あたしらに太鼓を教えてくれたおかげで文化祭で発表することができました。太鼓の練習はしんどかったけど楽しくてよかったです。これからも太鼓がんばってください。ありがとうございました。

●いままで太鼓を教えてくれてありがとうございました。最初はむずかしいと思っていて、太鼓にはいらんかったらよかったと思った時もあったけど、すごく太鼓がおもしろくなったし、楽しかったからよかったと思っています。それと、文化祭で発表する時、めっちゃ緊張したけど楽しくたたけたからよかったです。ほんとうにありがとうございました。

●太鼓をおしえてくださってありがとうございました。すごいむずかしかったけど、とても楽しかったです。私が一番むずかしかったことは、手をあげる練習で、手をちゃんとあげてるつもりやったけど、ぜんぜんあがってなくって、練習しまくって筋肉痛になってつらかったです。（泣）

楽譜をおぼえるのも大変でした。でも何とかおぼえることができたので、よかったです。カンペキにおぼえたのに、本番は緊張しすぎて、頭の中が真っ白で、プロローグをわすれかけました。でも何とかできたのでよかったです。でも、真ん中らへんで、まちがってしまいました。（悲）まちがったけど、「カッコよかったでー」と言われてうれしかったです。いろいろあったけど、いっぱい勉強になったし、たのしい思い出ができたので、よかったです。楽しい思い出ありがとうございました。おそくなりましたが、文化祭に来てくれてありがとうございました。
●「怒」のみなさん、今までいろいろと教えてくださって、ありがとうございました。みなさんのおかげで、文化祭に成功することができました。ちょっとまちがえたという人もいましたが、私は、先生や友だちにもほめられたし、今までで一番うまかったんじゃないかなぁと思うくらいよかったです。太鼓の練習に入る前までは、「太鼓なんて簡単やわぁ」とか、「めっちゃ余裕やん」とか思っていたけど、練習に入るとめちゃめちゃキツかったし、すごい難しくて、毎週筋肉痛になって正直「もうやめたいなぁ」と思ったこともありました。でも、「怒」のみなさんが私たちのために、わざわざ木津中に来てくださったり、一生懸命指導してくださったり、曲を作ってくださったりして、「やっぱりがんばらなアカンなぁ」と思いました。それから、練習の日じゃなくても机をたたいたり、口で言ったりするようになって、毎日１回は太鼓の練習をして、たまに何人かで合わせたりもしました。でも、太鼓を実際にたたいてみると全然バラバラで「自分は完ペキや」と思ってもみんなと合ってなかったり、リズムがちがってたりして、本番にちゃんと間に合うかめっちゃ心配でした。でも、今日あんまりきんちょうもせず、みんなの前で堂々と演奏できて、本当によかったです。
「怒」のみなさん本当にありがとうございました。

こうして木津中学校の太鼓学習は、「見る」太鼓から「打つ」太鼓へと発展し、「和太鼓」が、生徒の身体と心へ着実に響きわたっている。

●………おわりに

地域の伝統産業である「太鼓づくり」を教育活動としてつくりあげようと、校内で論議を進めるなかで、１年生では、地域の太鼓屋さんへの職場体験学習が実現し、２年生の選択音楽では、地域の太鼓集団である「怒」の指導のもとで太鼓演奏の授業を行うことができた。そして、その成果を校区の小学生も参加する校区「なにわ子ども人権文化祭」の場で発表することができた。また、2002年度より音楽科の学習指導要領が改訂され、「我が国や郷土大阪の伝統音楽を大切にする態度を育てるというねらいから、器楽指導において和楽器を用いる」となった。これにより本校では、2002年度から新たに１年生の音楽の授業でも、和太鼓を使った学習を進めている。これらの取り組みにより、少しずつではあるが、「太鼓」が子どもたちにとって身近な存在になってきている。と同時に、熱い思いをもって自分自身を表現できる場を広げてきているように感じる。
しかしながら、差別をうけながらも、誇りをもって太鼓づくりを続けてきた職人さんの思いや、「太鼓」にこだわり、自ら差別と闘うために立ち上がった地域の青年たちの思いが、どれだけ子どもに伝わったかという部分では、まだまだ課題として残っている。
今後は、「太鼓」のすばらしさを、生徒たちがもっともっと感じていくような取り組みを進めていきたい。また、同和教育・人権教育の視点から、「太鼓」を入り口として部落問題学習を着実に積み上げるような取り組みをさらに発展させていきたい。

（『2003年度大阪市人権・同和教育研究大会報告集』大阪市人権教育研究協議会より）

コラム……太鼓の皮づくり

寒ざらし

と場から持ってこられた皮を、水で洗って血をとるのが目的である。血を抜かないと皮の間に血が入って抜けなくなる。

塩漬け 保存する意味で、塩漬けをする。

・水洗いした皮は、次の作業にすぐ移る場合が多い。

・塩漬けした場合、次の工程に移るとき塩抜きをしてから。

●たいこに水を入れながら、まわす。収縮している皮を元にもどす。

たいこ。右下に見えるのが、たいこのふた（水洗い用）

脱毛 石灰に漬ける。

・現在は、薬品につけて毛を抜きやすくしている。

・かまぼこ板と呼ばれる作業台の上で、毛をこそげ取る。

●体毛の除去には、ぬか抜き・むろ抜きという方法もある。今は、あまり使われていない。

体毛の除去

ニベ取り

・皮下脂肪を取りのぞく。かまぼこ板の上で、1枚1枚作業する。

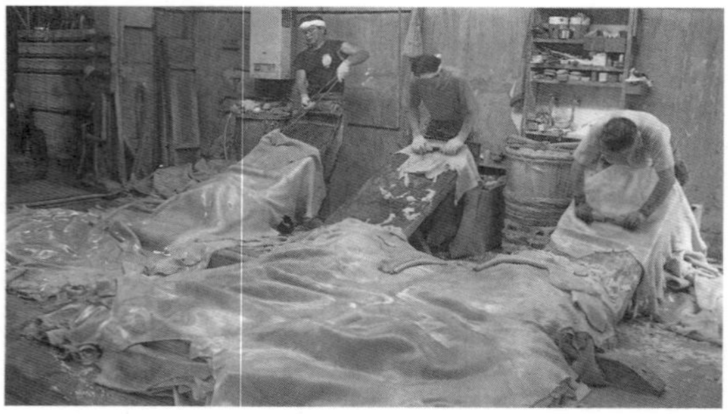

ニベ取り作業

太鼓に使用される皮

赤毛の和牛の雌。7～8年の牛が一番いいといわれている。現在は、3～4年の和牛(肉を目的に飼育されている）が多い。

たいこ

皮を鞣《なめ》すときに使用されるもの。薬品を入れて、皮への浸透を促進させるときにも使い、回転する。水洗いのときは、穴の空いたふたをする。

ぬかづけ

この作業を入れるところもある。

・こうじ菌を発酵させて、繊維以外のものを分解し、体毛を抜けやすくする。

・油抜き、毛抜きの効果があるとともに皮を丈夫にする。

太鼓屋へ売られる

・皮の大きさや傷の有無で値段が決まる。

・乾燥した皮（生皮《きがわ》・乾皮《かんぴ》）は「銀」「トコ」と呼ばれ、取り引きされる。

乾燥　天日にあてて、自然乾燥する（2〜3日）。

乾燥

水ばり　ト板の上に皮を広げ、伸ばしながら、クギでとめる。

水ばり作業

センぶち　老廃物をセンで取り、水洗いをする。

（三宅都子『読本「にんげん」を生かした授業の記録（X）「しごと・労働」の教材を中心として』研究紀要72号、1994年、大阪市教育センター）

写真撮影：太田順一

実践❼ いろんな人に、この音（こころ）を聴いてもらいたい！

――太鼓をとおして部落問題と向き合う子どもたち

●鹿児島県立鹿屋農業高等学校［クラブ活動］

1………解放研って、何？

今から６年前、本校に多くの奄美の子どもたちが在学していることを知り、鹿屋《かのや》での「解放研究会」が奄美の子どもたち３名を含む14名のメンバーで始まった。子どもたちが部落問題と出合ったとき、差別する側に立ってほしくない、また自らに降りかかる差別に負けてほしくない、という思いからスタートした「解放研究会」。

1998年、鹿屋での解放研４年目。自衛隊や郵政業務の仕事にあこがれていたゆいとまゆみ。「国立ハンセン病療養所星塚敬愛園」の人びとの生き方にふれ、部落問題と出合うなかで２人は、看護師の道を通して何ができるのかと、自分の進路を含めて「差別」を自分の生き方に重ねていった。特にゆいは、２月の願児我楽夢《がんじがらめ》のコンサートを聞いて、自分ができることは何なのかを問いはじめていた。

４月、解放研のメンバーは、敬愛園の窪田さんの「もっと多くの人に正しいことを知ってもらいたい」という思いを知った。ゆいは、家族にあるハンセン病にたいする偏見を思いながら、学校全体と保護者にハンセン病について正しいことを知ってもらおうと、アンケート調査をメンバーにもちかけ、自分たちの力でアンケートを行い、その結果を「解放研だより」として全校に返していった。

2………「いろんな人にこの音（こころ）を聴いてもらいたい」

新しいメンバーも加わり、部落問題学習を主とする学習が始まった。６月29日付の解放新聞で「笑顔で差別を打つ」の記事に出合い、さっそく解放研のなかで太鼓のことをもっと学んでいくことになった。昨年の文化祭で健児たちを中心に畜産科３年生で太鼓に取り組んだ経験を生かし、ゆいとまゆみが中心になりながら太鼓のメンバーを募っていった。

解放研そして高校生クラブを中心とした14名の子どもたちで、鹿屋農高太鼓集団「魂《こころ》」がスタートした。そこには先生も生徒もなく、太鼓をたたいて思いを伝えていこうという一つの集団があった。九州の農業高校の研究会における初舞台を皮切りに、文化祭、そして卒業生を送る会というように、発表と練習を積み重ねていった。

3………「なぜ、差別はなくならないの？」

肝属《きもつき》地区で毎年開催されている「第８回人権と差別を考える学習会」に、ぜひ高校生の声がほしいと解放研の子どもたちに要請があった。願児我楽夢のコンサートを中心に、解放研のゆいとまゆみ、そして高山高校の美紀の３人によるハンセン病にたいする差別の体験の構成劇をすることになった。

美紀は、病気で鹿児島大学の付属病院に通っていたが、主治医が月に一度敬愛園に来るため、地元の敬愛園での治療を勧められた。敬愛園に通院するなかで、美紀は周りのおとなたちからハンセン病への偏見を刷り込まれ、この劇を通して「今考えると、すっごい偏見の目で見ていたんだなぁ」と自らを見つめなおしていった。

ある日、劇の練習が終わって、ゆいが不意に「先生、部落差別とか、今では身分制もないのになぜ差別はなくならないの？」と問いかけてきた。とっさのこともあってか、私はきちんとゆいの問いに答えることはできなかった。しかし、今でも残る部落差別をはじめとする差別の不合理さを、子どもたちときちんと語っていきたいとあらためて感じた。

大阪の太鼓集団「怒《いかり》」との交流も実現した。そのなかで、太鼓をつくる部落の人びとの思いを伝えてくださいという願いも受け、太鼓の演奏のときには、必ず太鼓をつくる人びとの思いを伝えていくことにした。

また、「敬愛園で太鼓を打ちたい！」という子どもたちの強い思いで、太鼓を通した交流が、ゆいたちの卒業式の前日、実現した。

4………「先生、もっといたかった！」

太鼓集団「魂」がはじめて本校の文化祭で太鼓を打ったとき、1年生の久美はその響きに感動し、すぐ私たちの仲間にはいってきた。

久美が3年生になった昨年の4月、太鼓集団のメンバーは久美と新入生の2、3人になった。「先生、メンバーが足りない、どうしよう」と顔を合わせるたびに久美が言ってくる。バドミントン部女子のキャプテンとして部活動を引っ張りながら、太鼓集団のことを気にする久美。6月になり、九州学校農業クラブ各種発表大会鹿児島大会の歓迎アトラクションを太鼓集団「魂」に演じてほしいとの依頼があった。

9月8日、本番当日、控え室で出番を待つ子どもたち。久美を除いたみんなは、はじめてバチを握る子どもたちばかりである。必死になってみんなを引っ張ってきた久美。各自手をバチ代わりにリズムをとっている。衣装に着替えていよいよ本番。リーダーの久美が声を掛ける。「みんな頑張るよ！」。幕が開き、最初の曲「鼓響」を打つ。この曲は、太鼓をつくる人びとの思いを込めて、大阪・浪速の太鼓集団「怒」が作曲し、譲り受けた曲である。テンポの速い曲である。いくつか間違えながらも無事打ち終わった。このとき、久美がはじめて、「先生、曲の説明を私がする」と言って、「鼓響」の曲に込められた太鼓をつくる人びと（被差別部落）の思いを九州各県の高校生に伝えていった。

感想文

鹿屋農高太鼓集団「魂」を見て

鹿屋農高太鼓集団「魂」を見て、私はとても感動しました。太鼓の音が体育館に響き渡り、それが私の胸の中で響いて、鳥肌が立ちました。

「私もこんなふうに、太鼓をたたいてみたい。そして、先輩みたいにたたいてみたい」と思い、太鼓集団・魂に入りました。私は太鼓をするのは初めてなので太鼓の事は全然わかりません。でも、もっと練習して私が感じた事を他の人に伝えられるような人になりたいです。

太鼓

太鼓をすると決まって、太鼓のビデオを見た。ビデオにクラブで学んだ被差別部落の人たちの事が出ていた。太鼓をつくっていたのは部落の人たちだったのだ。その仕事の一つひとつに誇りを持ち、そして、すごい技術を持っている。私たちにんげんのために働いてくれた動物たちのいのちを大事にし、太鼓をつくる。その太鼓は今では、いろんな地域の郷土芸能に多く使われ、有名になっている。だけど、太鼓がどこでどうしてつくられたか知る人は少ない。私も知らなかった。それまで私は、祭りで太鼓をたたくのを見て、かっこいい、すごいと思っているだけだった。ただ太鼓の音を体の底で感じるだけだった。太鼓ができるまでの話を聴いて、かっこいいというのだけでなく、太鼓をつくる人々の思いを受けて、太鼓をたたいてみたいと思う。

学校に太鼓が届いた時、太鼓の大きさを感じた。自分は太鼓をたたいていいのかなって、簡単に触れていいのかなって思った。「ポン」とたたくと「ダン」と大きな音が響く……。

一生懸命練習して、いろんな人に、この音（心）を聴いてもらいたいと思った。

12月23日の部落解放鹿児島県子ども会・高校友の会による第２回解放文化祭に誘いがかかった。子どもたちに話をすると、ぜひいっしょに参加したいと声が上がり、太鼓の演奏を通してはじめて解放文化祭に参加した。文化祭が終わり、開催地の町の隣保館に用事があり立ち寄った。子どもたちもそれぞれ話をしてくつろいでいた。私は帰る時間を気にして、30分ぐらいでみんなその場を後にした。そのとき、ふと久美が「先生、もっといたかった！　もっといて学びたかった」ともらした。人間として大事なことを学んできた子どもたちは、もっともっと学びたい、そんな気持ちをもつものだとあらためて思った。

（『第53回全国人権・同和教育研究大会報告・資料集』全国同和教育研究協議会、2001年より）

コラム……花押

太鼓には、胴の内側に細工人の名前と花押《かおう》が書かれているものもあります。➡絵本『太鼓』26頁

摂津大坂道頓堀渡邊村中之町
河内屋　伊兵衛
花押

細工人　河内屋　伊兵衛
花押
中嶋屋　重右衛門
花押

安政五戊年六月
細工人
摂州大坂渡邊村
中之町
太鼓屋　又兵衛
吉重
花押

中嶋屋重右衛門の花押

河内屋伊兵衛の花押

太鼓屋又兵衛吉重の花押

（三宅都子著・太田順一写真『太鼓職人』解放出版社より）

●教材「たいこづくりのおじさん」●

教材

たいこづくりの　おじさん

　ドドン　ドンドン

　ドドン　ドンドン

　やまだ先生が、たいこを　もって　きたので、みんなは　びっくり。たいこのはなしで、きょうしつは　きゅうに　にぎやかに　なった。

「わたしも　そんな　たいこ、もってるよ。」

「ぼくな、おじいちゃんに　まつりに　つれて　いって　もらって、見た。もっと大きくて、すごい　音が　するんだ。」

「この　たいこ、なにで　できて　いるか、しって　いますか。」

　やまだ先生が　きいた。

「木かな。木だと　おもいます。」

「たたく　ところは　どうですか。」

「きれが　はって　あるんと　ちがうかなあ。」

　みんな　よく　しって　いる　つもりだったけど、だんだん　じしんが　なくなって　きた。たいこをつくって　いる　ところは、だれも　見た　ことが　ない。

「どうして　つくるんだろう。見たいなあ。」

　たいこを　つくる　しごとばを　見に　いった。見た　ことも　ない　たいこがいっぱい　おいてあった。大きな　うしの　かわも　あった。たいこの　たたくところは、この　かわで　できて　いるらしい。

　いよいよ、たいこの　どうに、かわを　はる　さぎょうが　はじまった。まつり

で　つかう　大きな　たいこだそうだ。３人で　くみに　なって、やって　いく。かわに　ロープが　かけられる。木づちを　たたきながら、かわが　のばされていく。

ドンカッカ　ドンカッカ

ドンカッカ　ドンカッカ

かわが　のばされるに　つれて、たいこの　音が　だんだんと　かわっていく。おじさんが「よし。」と　あいずを　した。かわを　とめる　びょうが　つぎつぎと　うたれる。その　はやい　こと。３人の　いきが　ぴったり　あって　いる。あまった　かわが　きりとられる。あっと　いう　まに、かわが　はられた。かたほうが　15ふんぐらいで　できて　しまった。みんなは　こえも　でない。

すると、おじさんが　からだを　ぐいと　のばしながら、

「この　しごとを　して　35年になるなあ。からだが、しごとを　おぼえて　いるんだ。あちこちの　まつりに　いって、たいこの　音を　きくと、おっちゃんが　つくった　たいこか　どうか、とおくからでも　わかるんだよ。」

と　はなして　くれた。

みんなは、先生が　見せて　くれた　たいこも　こんな　ふうに　つくられたのか、どんな　おじさんが　つくったのか、しらべて　みたく　なった。

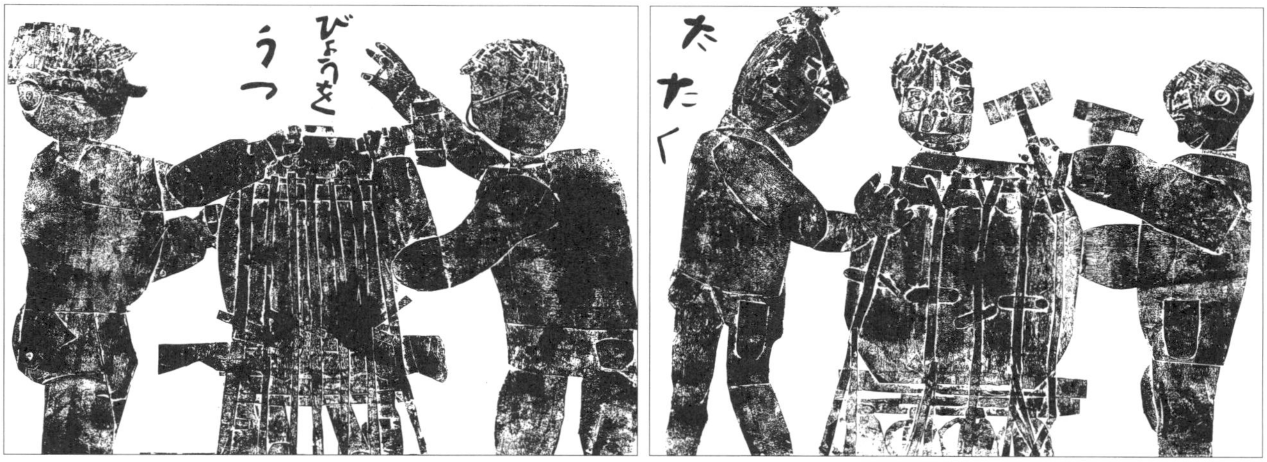

（解放教育研究所編『解放教育 264号 せいかつ 教材集３』明治図書より）

解説・授業の展開例（2年／領域・しごと）

Ⓐ………教材設定の意図

現代においては、労働が生活の場から遠ざかっている。地域独特の仕事が少なくなっていたり、労働そのものを見せていくことがむずかしくなってきている。その結果、仕事が終わって帰宅してくつろいでいる父親の姿を見て、「うちのお父さん、いっつも寝ころんでテレビを見ている」「休みになったら、いつもパチンコしている」としか映っていなかったり、共働きの母親に対しては、「ぼくが学校から帰ってきても誰も家にいてくれへん」というように母親に対して不満をもっていることがある。逆に、家事など家庭のなかの仕事については、金にならない仕事と、価値を見出さない子どももたくさんいる。労働こそ生活の基盤を支えるもの、労働は家の生活だけでなく、地域の生活も支えていくものだということを子どもたちに捉えさせていくためには、意図的に子どもたちに働いている姿を見せていく必要がある。そんな活動が子どもたちの将来の生活設計力にもつながっていくはずである。

部落問題とかかわって、皮革産業がある。皮革産業は穢《けが》れ意識などにより差別されてきた。しかし、その仕事のなかに部落差別の荒波を越えていった親や地域の人びとの姿があり、同時に、その技術の内容はすばらしいものを含んでいる。ここでは、太鼓という子どもたちにとって身近な素材を手がかりにしながら、皮革産業について学習した事柄が紹介されている。低学年であるから部落産業として学ぶ必要はない。それよりも、日ごろ何気なく見ていた太鼓がこんな方法でつくられていくことをしっかりと知ることが重要である。なお、教材の内容を感性的にとらえられるように、映画「人間の街―大阪被差別部落」のなかに登場する太鼓づくりの場面をぜひ見ていただきたい。

Ⓑ………教材の解説

大阪市立長橋小学校の２年生の実践をもとにしている。

この教材は地場産業である太鼓づくりの様子を見学にいったものをまとめている。太鼓は、２年生の子どもにとってもなじみのあるものであろう。縁日の屋台の軒先に置いてある太鼓、民芸風の玩具の太鼓、盆踊りや祭りに打ち鳴らされる太鼓などを見聞きしている子どももいるだろう。しかし、本文にもあるように、「何でできている」とか、「どんなふうにつくるのか」までも知っている子どもは少ない。

本文のなかで、子どもたちが一番、目を向けていくところは、３人のおじさんたちの皮をはる場面であろう。片方がわずか15分で、あっという間にはられていく様子は、短い文章表現とも重なって非常に歯切れがよい。「みんなは　こえも　でない」ほど圧倒される。しかし、ここで忘れずおさえておきたいのは、皮をはるまでに至る製造の過程であり、15分ではり終えていく、おじさんたちの技術のすばらしさである。製造の過程については、「大きな　うしの　かわ」や「いよいよ」の言葉を手がかりに、皮をはるまでに、皮を選んだり、切ったり、伸ばすために水につけておくなどの作業があることを補足しておきたい。

太鼓づくりの見学の場面では、その素早さ、見事さもさることながら、特におじさんたちの仕事をするときの顔、手、足などの表情を想像させたい。音をたよりに皮を伸ばし、一定の感覚で鋲をとめていくおじさんたちの姿には、まさに、長年の経験のなかで培われ、磨きあげられた職人としての技がある。そして、「このしごとを　して　35年」「からだが、しごとを　おぼえて　いる」「音を　きくと、おっちゃんが　つくったたいこか　どうか、とおくからでも　わかる」の語りのなかには、自分のつくったものにたいする責任や自信や誇り、それにこだわりや意地さえも感じるのである。

本文の最後の「先生が　見せて　くれた　たいこも　こんな　ふうに　つくられたのか、どんな　おじさんが　つくったのか、しらべて　みたく　なった」という言葉をきっかけにして、家の人の仕事や身近な人びとの仕事へと発展させていただきたい。また、仕事を子どもたちに意識化させていくためには、見学したこと、聞いたことをつづったり、描いたりすることも大切である。

特に、厳しい生活を背負った子どもたちの多くは、将来を展望できないことがある。それは学力の問題もさることながら、現実の生活をばねにすることができないからではないかと思う。そのことを克服するためにも、自分たちの生活を支えている仕事をどう見ていくか、どう見させていくかということが、重要なカギになるだろう。

C………指導上の留意点

①家庭での生活や、親たちとの会話、関係のなかで、子どもたちが「労働」についてどんな意識をもっているのかを、まず把握しておきたい。

②「仕事に貴賤はない」と頭ではわかっていても、職業で人を見下してしまう子どももたくさんいるだろう。誇りをもって働く人の姿を子どもたちに示していくことを、いつも頭においておきたい。

D………参考

さしえの版画も、この実践から生まれた作品である。

E………授業の展開例

教師の基本発問・助言	児童の活動・指導の要領
1　導入	
①　どんな太鼓を知っていますか。どんなところで見ましたか。	①　現物があれば、実際に見せるのが一番だが、なければ本や写真などで紹介する。また、音色や材料などについても知っていることがあるか聞きたい。
2　展開	
②　教材を読みましょう。	②　特に仕事場での様子について、くりかえし読ませたい。
③　皮を胴にはるまでに、どんな仕事があるでしょう。 ・胴は何でできているのか。 ・皮をはるまでに、どんな仕事をするのか。	③　「いよいよ」や「大きな　うしの　かわ」の言葉を手がかりに、太鼓の面には皮が使われていることや、皮をはるまでにも、いくつかの作業があることに気づかせたい。 ・皮を選ぶ、切る、伸ばすために水につけるなどの作業を、教師から補足する。

④　おじさんたちは、どんなふうに太鼓に皮をはっているでしょう。	④　皮をはる順序をつかませる。 耳は、常に皮の音の変化を確かめながら聞いていることや、手は、３人が同じリズムで素早く、リズミカルに動いていること、目は、皮をたたく場所や鋲を打つ位置にあることなどに注目させる。
⑤　見学しているみんなは、なぜ声も出なかったのでしょう。	⑤　子どもたちが教材を読んで驚いたことも含めて、自由に意見を出させたい。
⑥　おじさんの苦労したことや自慢はどんなことでしょう。 ・おじさんの言葉のなかで、びっくりすることはどんなことでしょう。 ・35年間、はじめからたいこの皮をはる仕事をさせてもらったのだろうか。 ・みんなに話をしているおじさんの様子はどんな様子でしょう。	⑥　はじめから皮はりをさせてもらうのではなく、職人さんの下働きや、皮の型きりなどの仕事を何年も経験していったことで、皮を見る目が育ってきたことも補足したい。 苦労することや嬉しいこと、自慢したいことなどを想像させて、話し合わせる。 ・一つの仕事ができあがったこともあるが、自分の仕事にたいしての満足感や自信が表情に表れていることを補足する。
３　まとめ	
⑦　自分の身近な人や地域の人びとの働いている様子を見て、すごいなと思ったこと、もっと見たいなと思ったことはありませんか。	⑦　どんなところがすごかったのか、なぜもっと見たいと思ったのか、それぞれの体験を出させる。その折り、教師から、その仕事の特徴を補足してやるとよい。 子どもたちが興味のある、身近な仕事を調べるような活動につなげていきたい。

（解放教育研究所編『解放教育 264号 せいかつ 教材集３』明治図書より）

Ⅱ

つくってみよう！
バリエーション

つくってみよう！で使う道具（一部）

革用の目打ちやポンチなどは、東急ハンズや手芸洋品店などのレザークラフトコーナーで手に入ります。

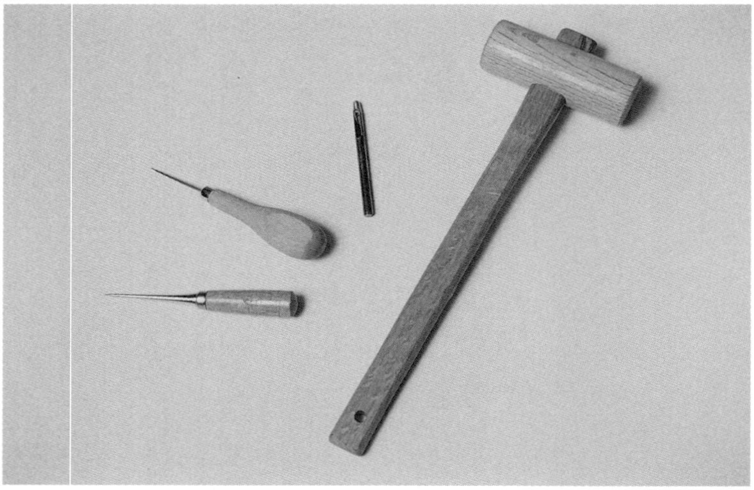

1 しおり

用意するもの

・ヌメ革、革など
・はさみ
・リボン、革ひもなど
・ポンチ
・木づち
・模様をつける場合は、刻印《こくいん》の道具、
マジックや接着剤など

＊ヌメ革……染色していない革

1

革を好きな形に切る。

2

リボンや革ひもを通す場合は、
上のほうにポンチで穴をあけて、
リボンなどを通したらできあがり。

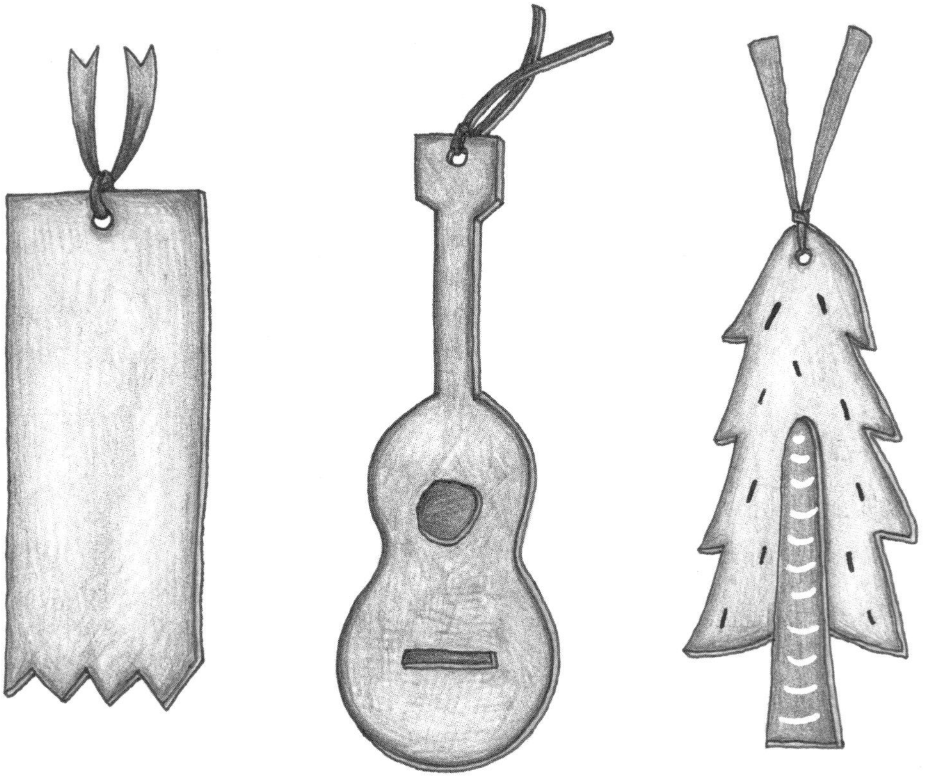

そのままでもいいが
模様をつけても楽しい。
刻印する場合は、ヌメ革を使う。

❷ 指人形

用意するもの

- いろいろなはし革
- はさみ
- 接着剤

1

指を入れる部分に顔をつけて切る。
顔は革をはったり描いたりする。

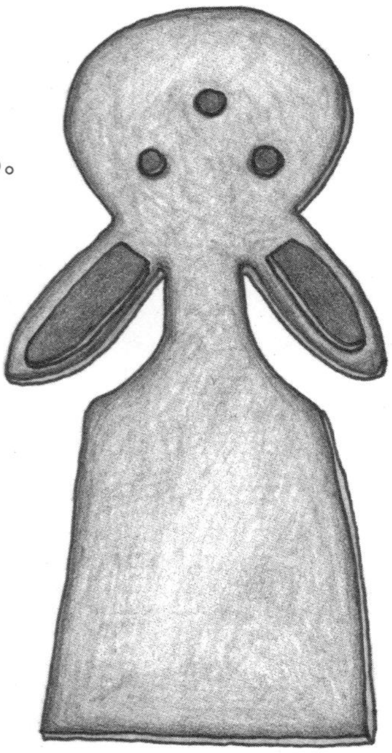

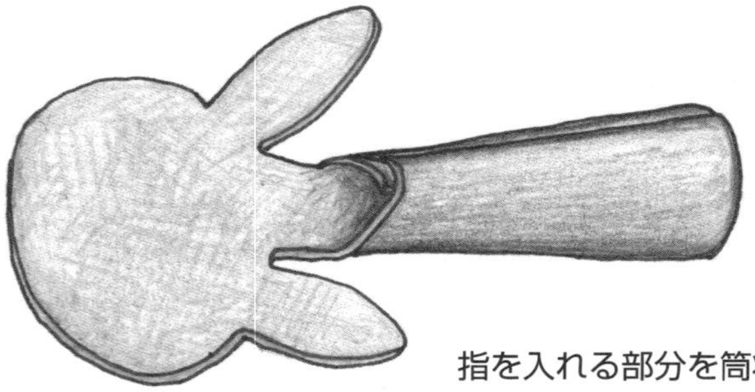

指を入れる部分を筒状にして接着剤ではり、
できあがり。

2

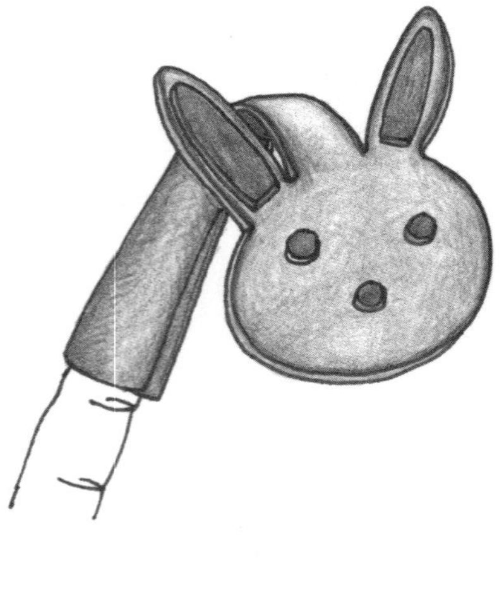

顔など、いろいろ工夫できる。

3 名札

用意するもの

・いろいろなはし革
・はさみ
・安全ピン
・接着剤
・マジックなど

1 はし革を好きな形に切ったりはったりして本体をつくる。

2 本体ができたら裏に安全ピンをはってできあがり。

●生皮《きがわ》でつくる場合 1（固い性質を利用）

1 本体の台に生皮を使い、はし革をはったり絵を描いたりする。

2 裏に安全ピンをはってできあがり。

●生皮でつくる場合 2（可塑性を利用）

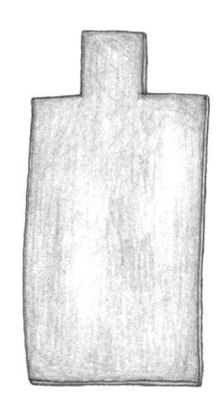

1 ピンをつけるところを本体につけて切る。

2 水につけてやわらかくする。

3 ピンを通して折り、洗濯バサミなどで固定して乾かす。

4 乾いたら絵など描いてできあがり。

作業は、とっても簡単。工夫しだいでいろんな物ができます。

4 コースター

用意するもの

・ヌメ革や革
・はさみ
・模様をつける場合は、刻印《こくいん》の道具、染料、マジックなど模様や色をつけるものなど
・編む場合は、接着剤

1　つくりたいコースターの形に革を切る。

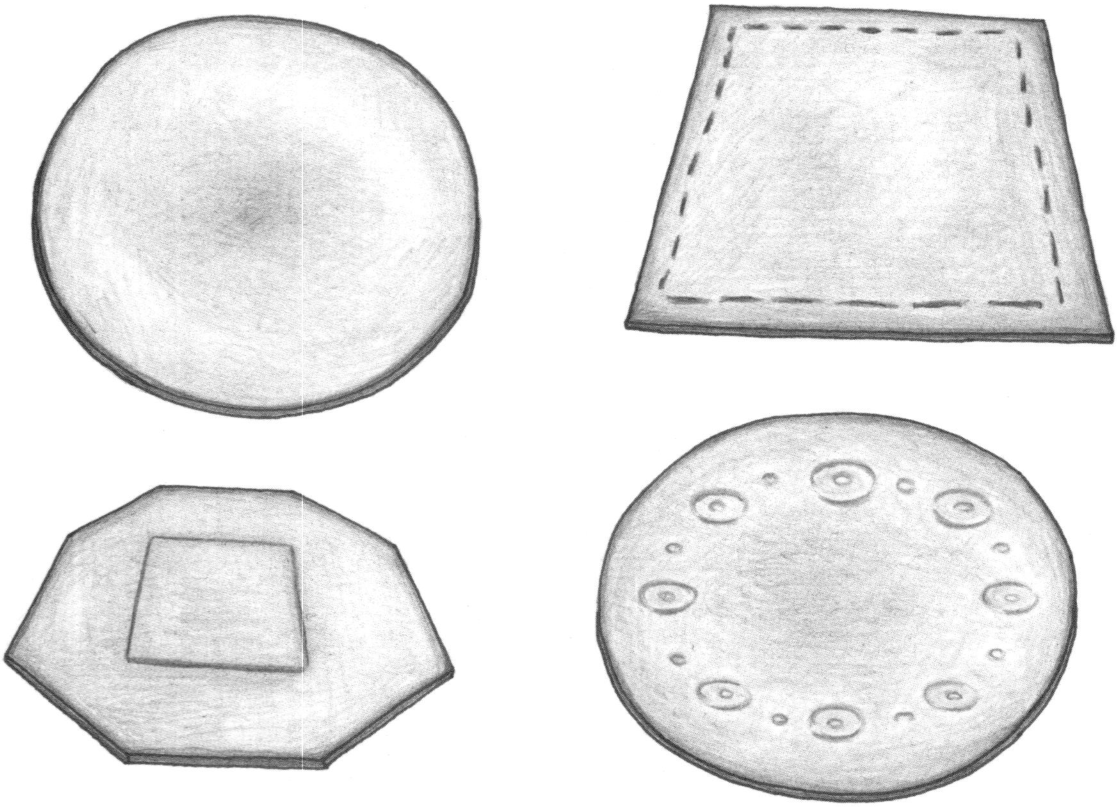

ヌメ革を使って模様をつける場合、刻印したいときは水にぬらしてする。色をつけたい場合は、そのまま描いていく。手芸用品店などにある仕上げ材をぬって艶《つや》を出してもよい。

●編む場合のつくり方

1

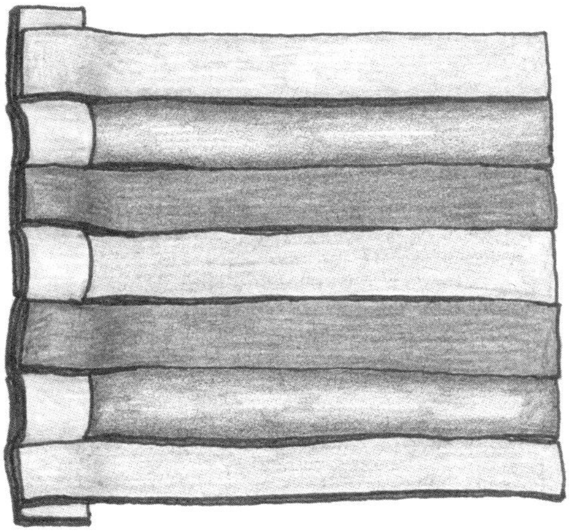

幅約1.5cm、長さ約11cmの帯を15本つくり、
1本の帯に7本の帯を上下交互に接着剤でとめ、
ヨコの帯にする。

色や帯の幅、長さなど
工夫したら
バリエーションが増える。
やわらかい革が
つくりやすい。

2

はしを接着剤でとめ、
上下が交互になるように
タテの帯を通していく。

3

通し終わったら、
それぞれのはしを接着剤でとめて
できあがり。
帯を長めにして
はしを房のようにしてもよい。

5 トレー

用意するもの

・ヌメ革もしくは生皮
・はさみ
・水
・タオルなど
・模様をつける場合、刻印《こくいん》の道具、染料、マジックなど
模様や色をつけるもの

1

ヌメ革もしくは生皮をトレーの形に切る。
深さの分（約1cm）をたして大きめにする。

2

水につける。

3

やわらかくなったら
水から上げてふく。

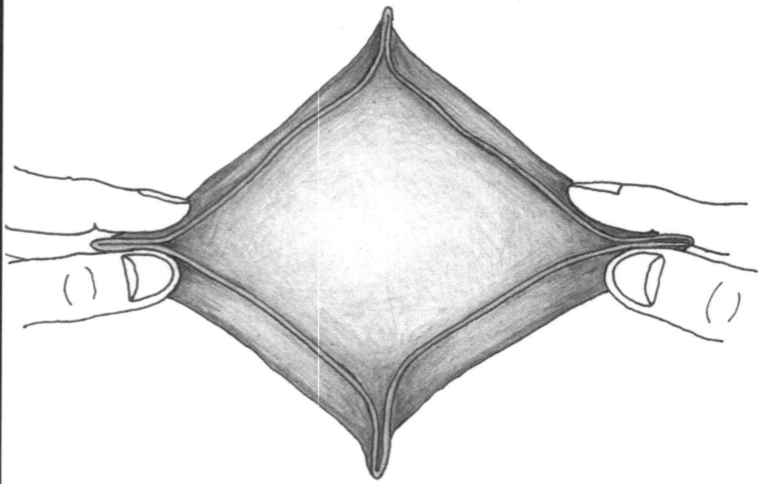

4

ふちを持ち上げて深さをつくり、形をととのえる。
生皮でつくる場合は、ビンなどの底にはって輪ゴムなどで固定する。

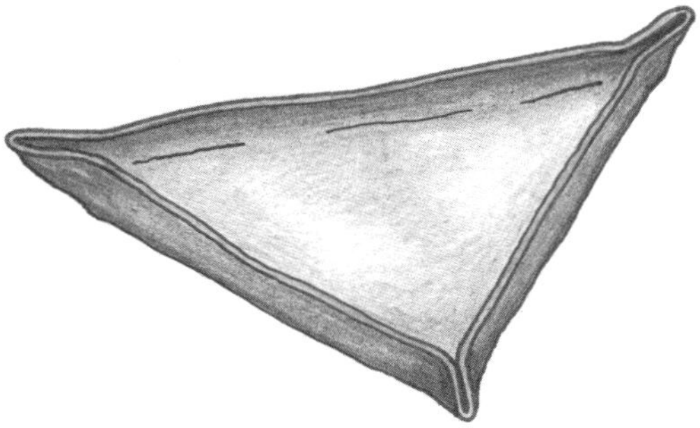

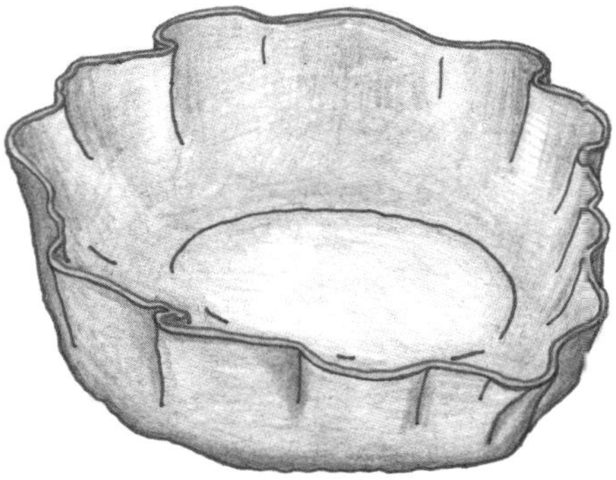

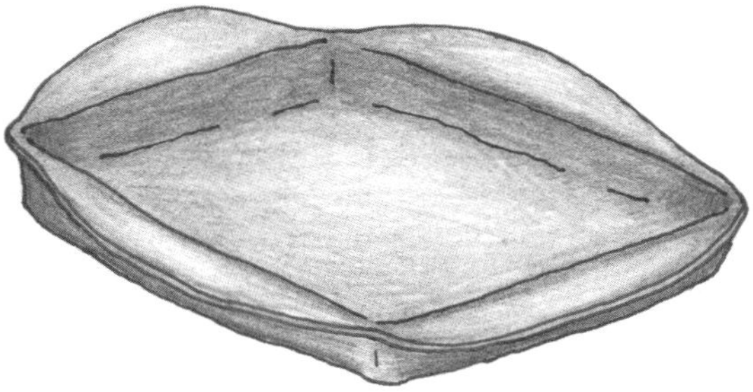

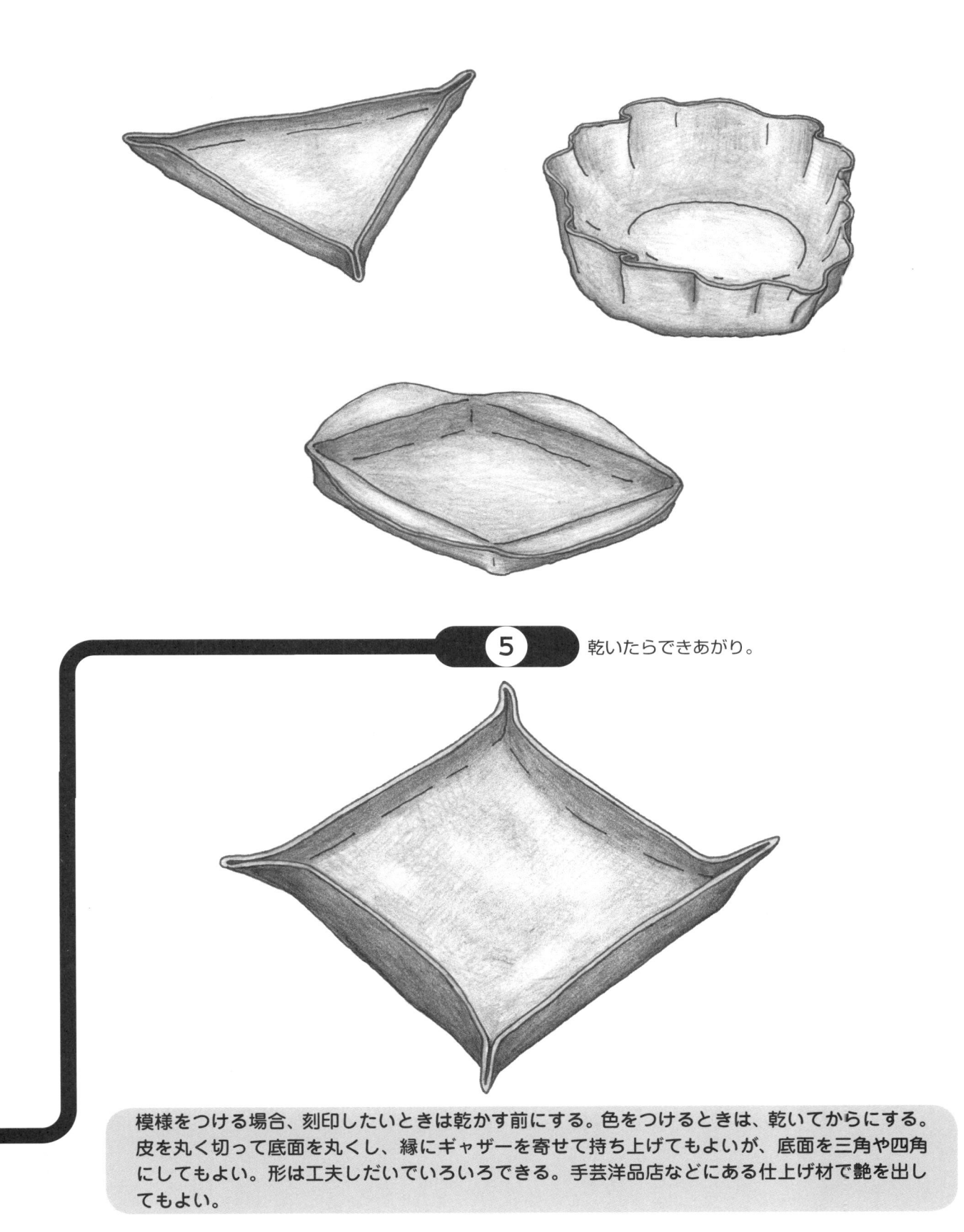

5 乾いたらできあがり。

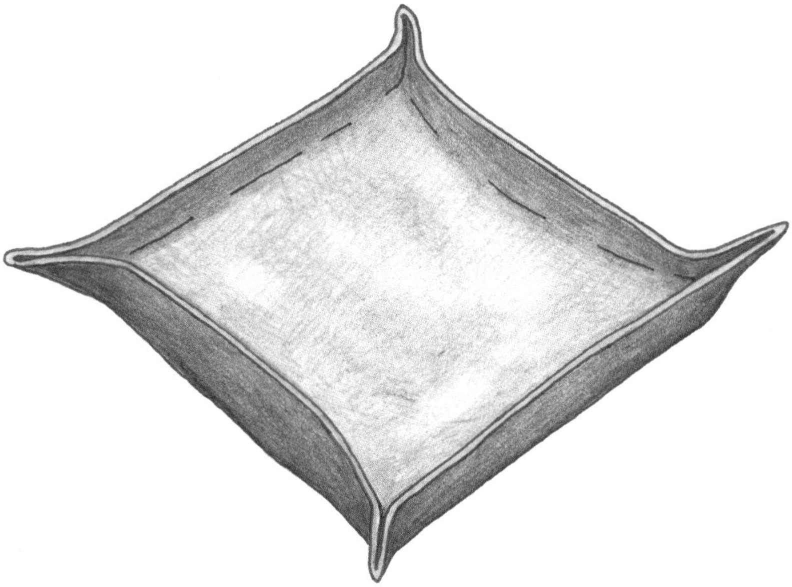

模様をつける場合、刻印したいときは乾かす前にする。色をつけるときは、乾いてからにする。皮を丸く切って底面を丸くし、縁にギャザーを寄せて持ち上げてもよいが、底面を三角や四角にしてもよい。形は工夫しだいでいろいろできる。手芸洋品店などにある仕上げ材で艶を出してもよい。

6 三角さいふ

用意するもの

- 21cm ×10cm 程度の大きさの革
- 型紙（実物大）
- スナップボタン２組
- ボタン付け工具
- 木づち
- はさみ
- エンピツなど（型紙をうつすもの）

1

型紙をうつして革を切り、
ポンチで穴をあける。

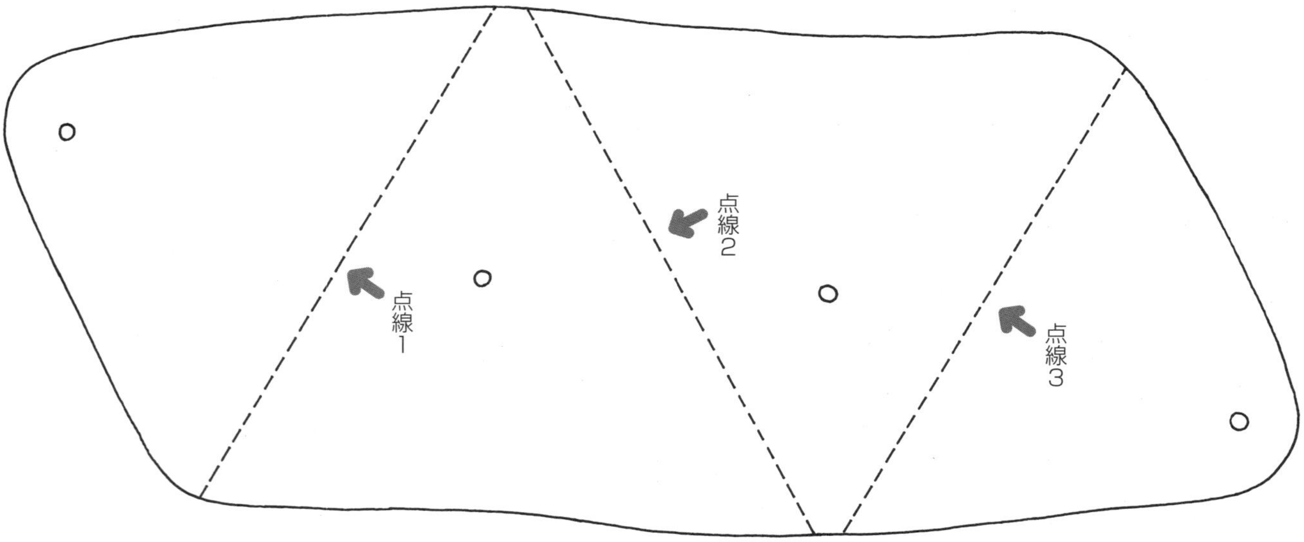

型紙

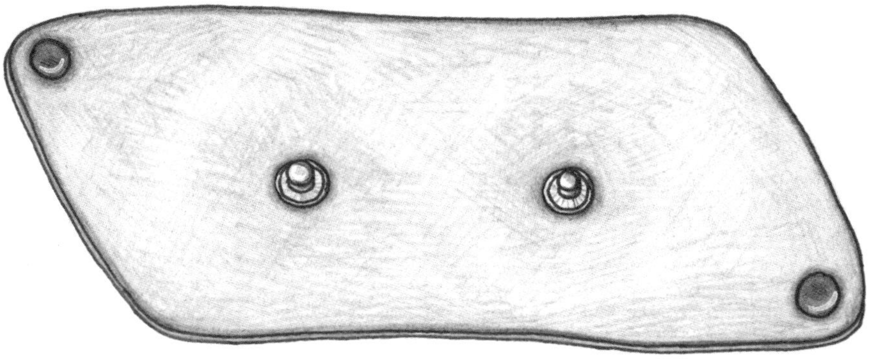

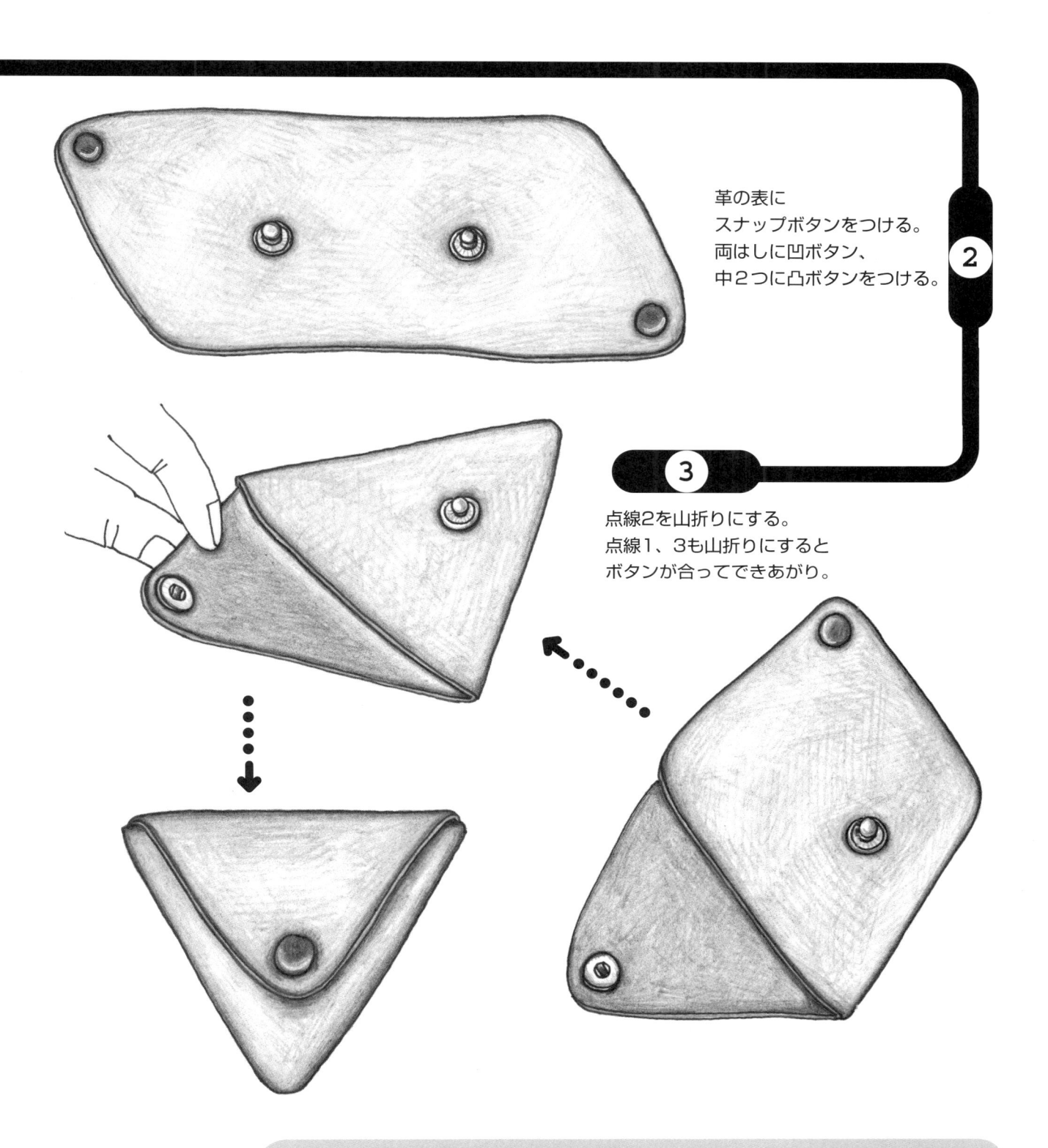

2

革の表に
スナップボタンをつける。
両はしに凹ボタン、
中2つに凸ボタンをつける。

3

点線2を山折りにする。
点線1、3も山折りにすると
ボタンが合ってできあがり。

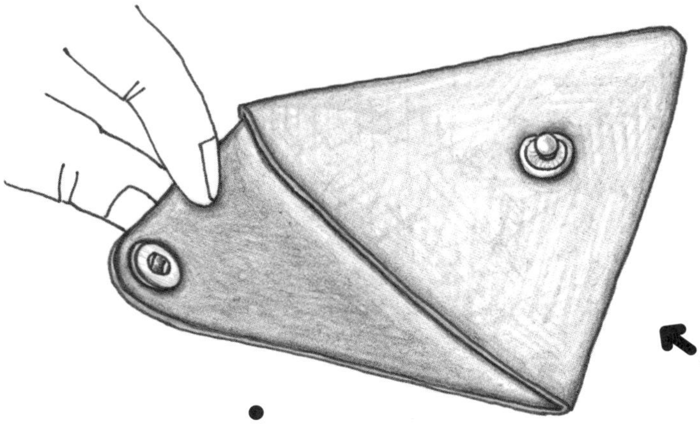

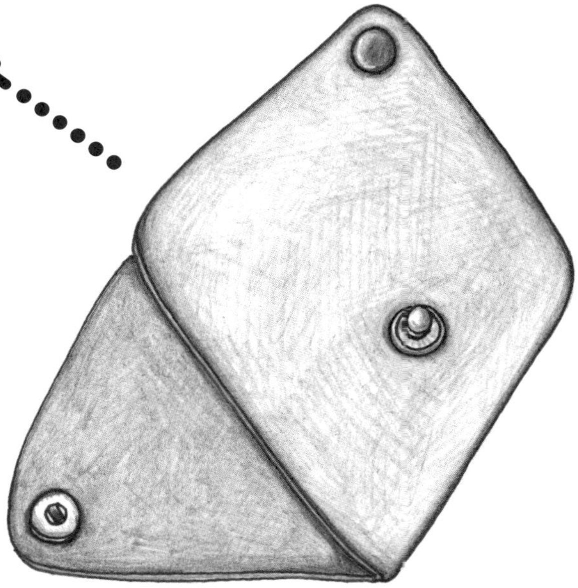

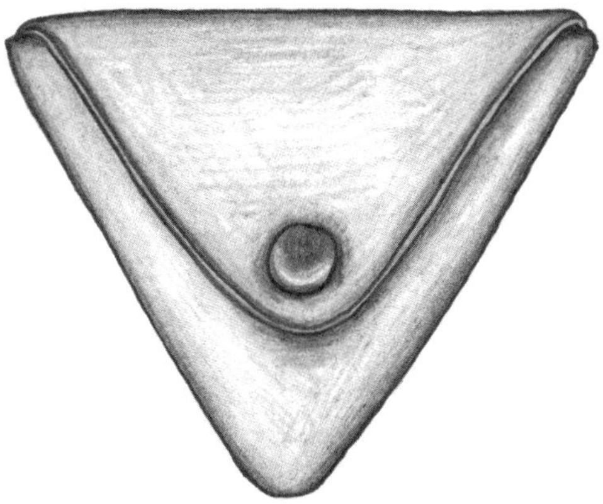

簡単にできます。ヌメ革を使って模様をつけても楽しいものになります。模様は、刻印《こくいん》などもいいですが、マジックでも描けます。工夫してみてください。

7 ブローチ

●花のブローチ

用意するもの

- 革
- はさみ、カッター
- 接着剤
- フィルムの容器
- 安全ピン

1

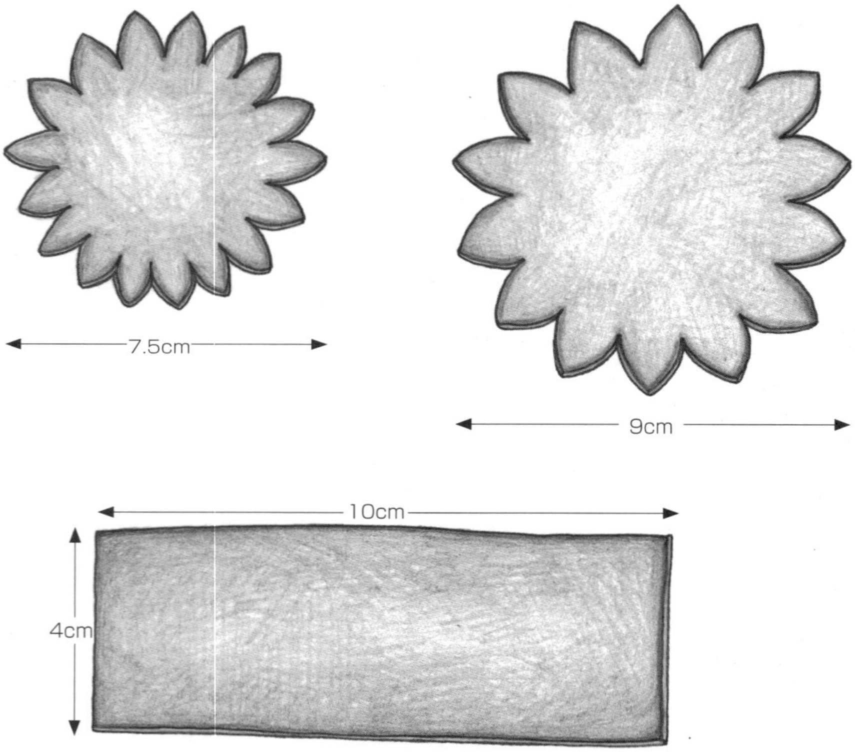

花の形の大小、花の芯《しん》にする革を切る。

ピンを付けるとき、革で台を付けてからはってもよい。大の花びらの中心に2本切り目を入れ、ひもを通してからはれば結んで飾れる。
花びらの形を変えたり工夫してみよう。
木《き》下《ね》川《がわ》ピッグレザー団で材料のセットを入手できます（128頁参照）。

2

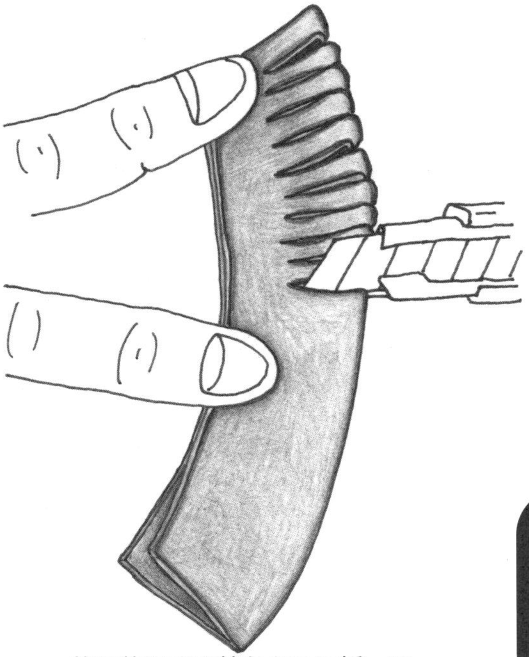

花の芯にする革をタテに折って
切り目を入れる。

3

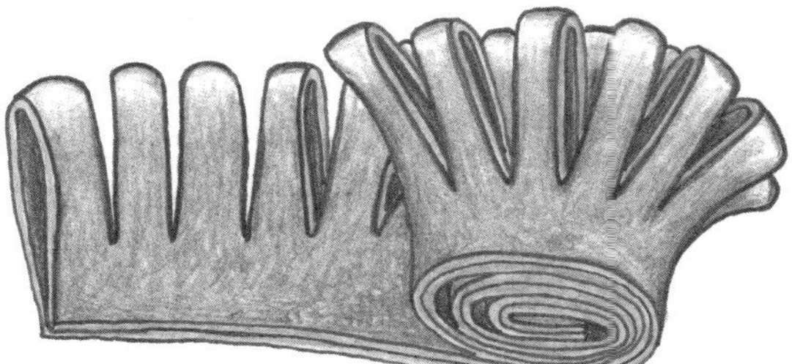

②をはしから丸めていき、接着剤でとめる。

4

③を小の花の中心に接着剤でとめる。

5

④を大の花の中心に接着剤でとめ、
フィルムの容器に差し込んで乾かす。

6

乾いたら容器から取り出し
裏に安全ピンを付けたら、
できあがり。

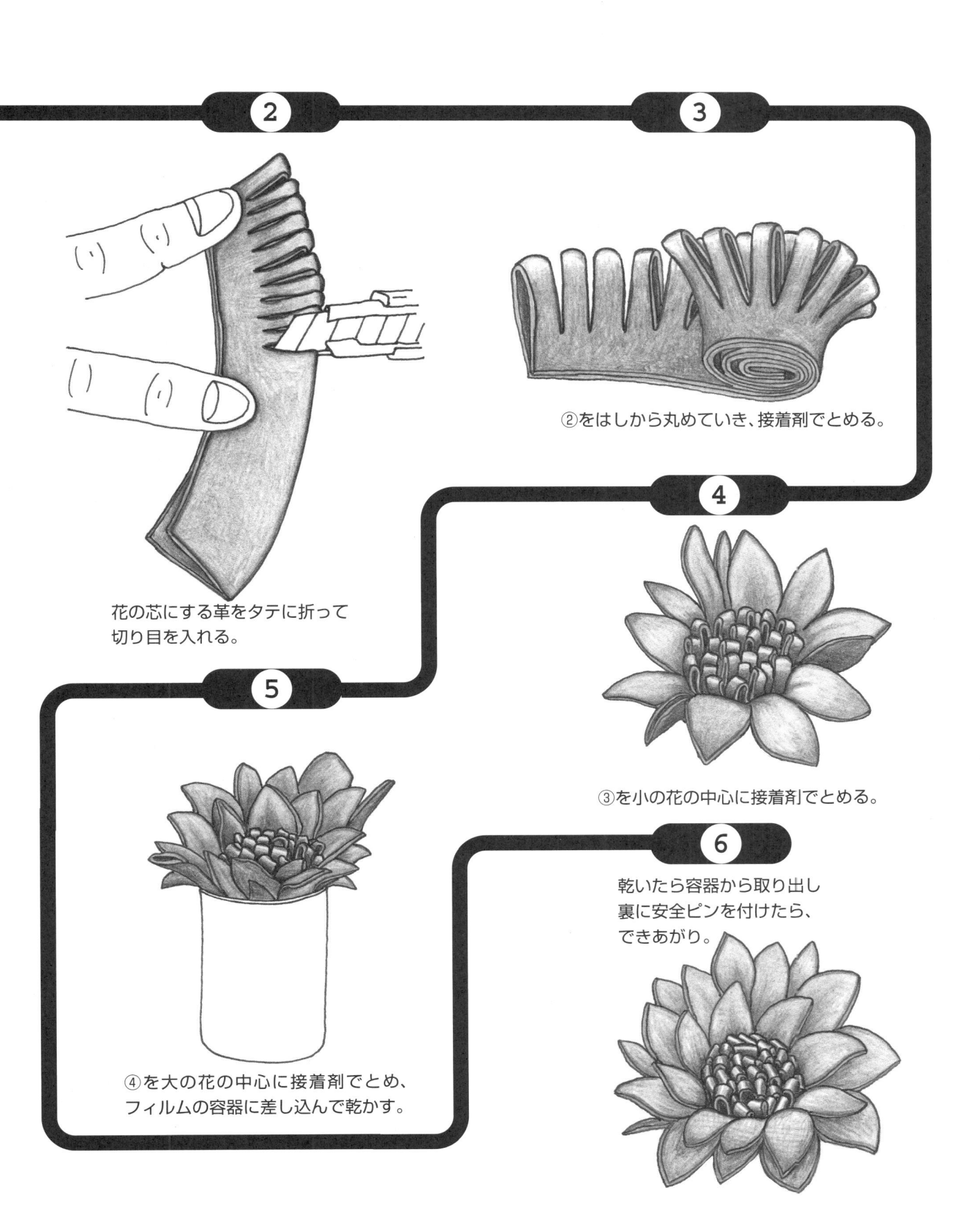

●チョウチョのブローチ

用意するもの

- ヌメ革か生皮
- 安全ピン
- 水
- はさみ
- 接着剤
- タオルなど

1

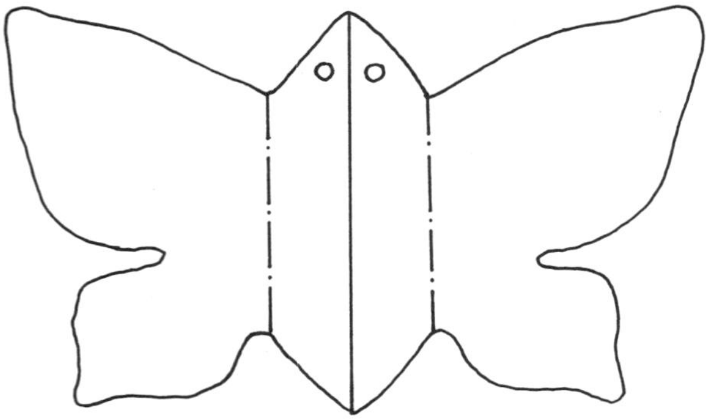

体を太くしたチョウチョの形に革を切る。
目の穴をわすれずにあけておこう。

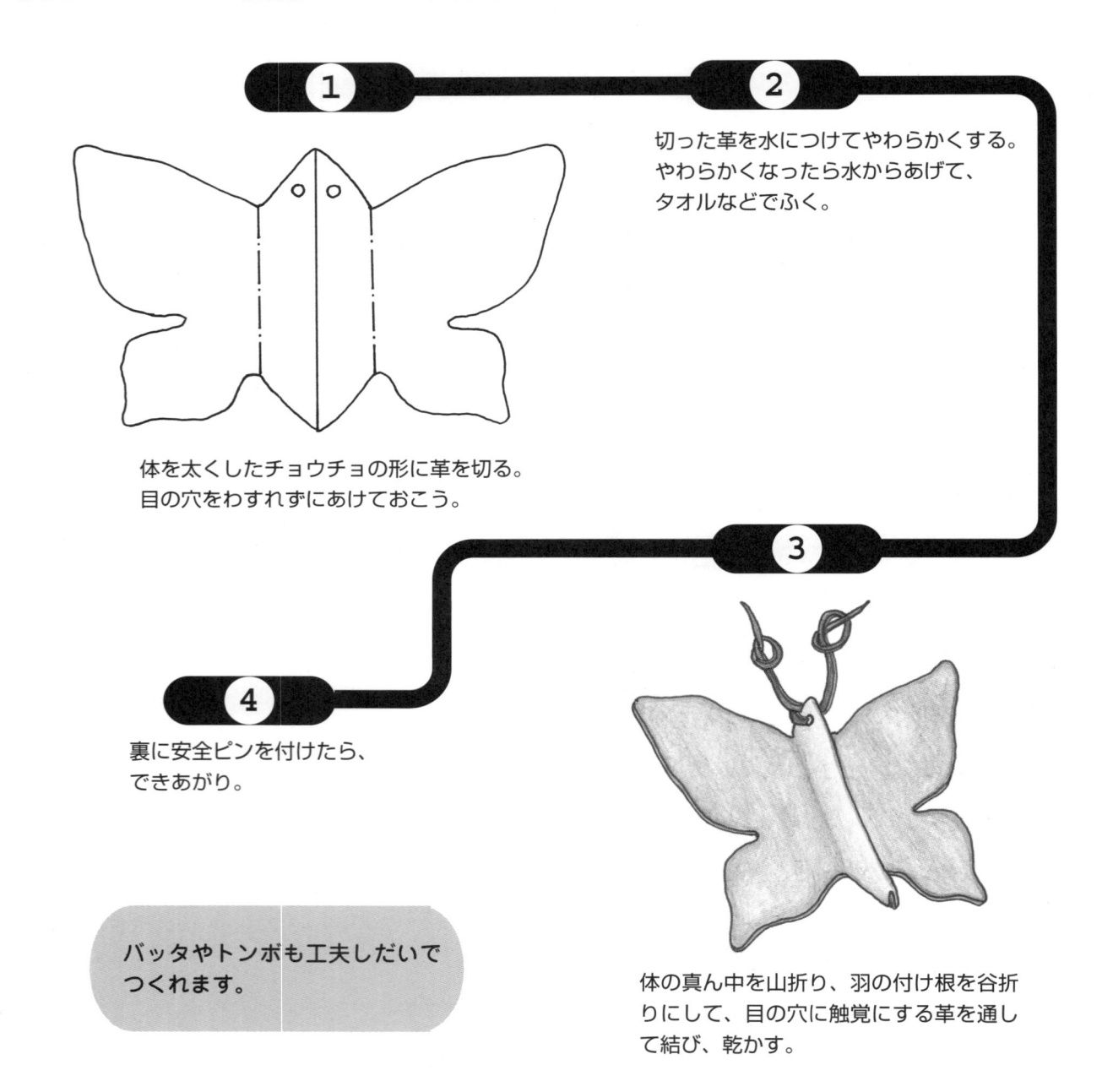

2

切った革を水につけてやわらかくする。
やわらかくなったら水からあげて、
タオルなどでふく。

3

体の真ん中を山折り、羽の付け根を谷折りにして、目の穴に触覚にする革を通して結び、乾かす。

4

裏に安全ピンを付けたら、
できあがり。

バッタやトンボも工夫しだいでつくれます。

8 花のオブジェ

用意するもの

・生皮　・水　・タオルなど
・はさみ　・輪ゴムなど

1

生皮を片側に切り目を入れた帯状に切る。

2

水につけて
やわらかくする。
やわらかくなったら水からあげて、
タオルなどでふく。

3

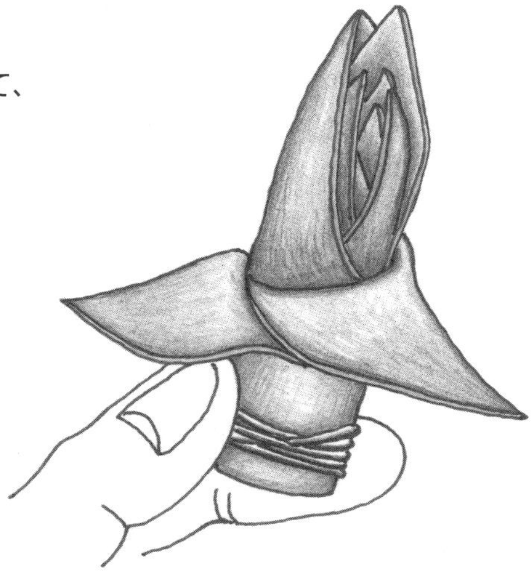

細かい切り目を内側に巻いていき輪ゴムでとめ、
筒状になった皮の切り目を外側に開いていく。

4

乾けば、できあがり。
輪ゴムを取っても形はくずれない。

乾けば色をつけたりもできる。大きさや形を変えて、アレンジしてみよう。
裏にピンをつけてブローチにしたり、いろいろ遊んでみよう。

9 花飾り

用意するもの

・革
・革ひもなど
・ビーズ
・はさみ
・カッター

1

花の形を大小2枚つくり、中央に2本、
ビーズを通す切り目をあける。

2

ビーズがひもの真ん中になるように通し、
小さい花、大きい花と通していく。

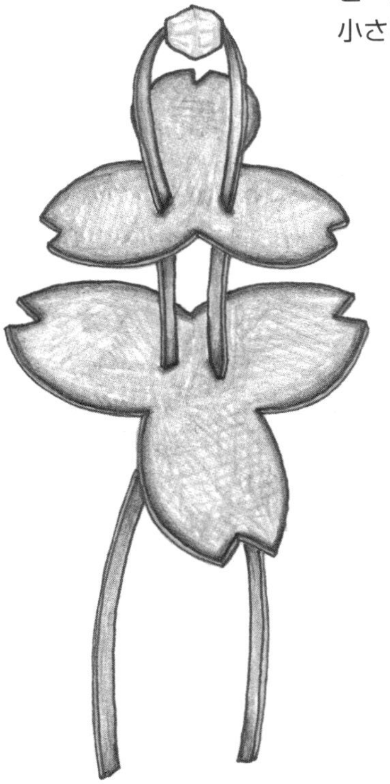

3

ひもを引いて花のうらで結んだら、
できあがり。

**花の形やビーズは、
いろいろ変えられる。
髪に飾ったり、ボタンなど、
使い方を工夫すると楽しい。**

10 革ひもブレスレット

用意するもの

・約70cm の革ひも

1

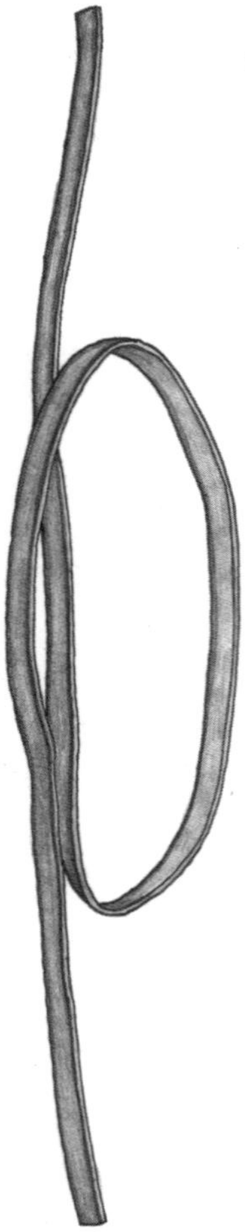

ひもをタテに置き、逆の「の」を書くように交差させて交わったところを持つ。

2

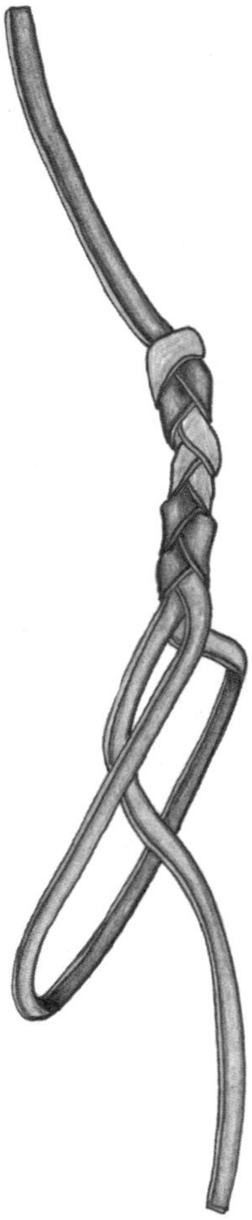

三つ編みの要領で編み進む。

3

最後の輪にひものはしを通してしめたらできあがり。
両はしのひもで手首に結わえてね。

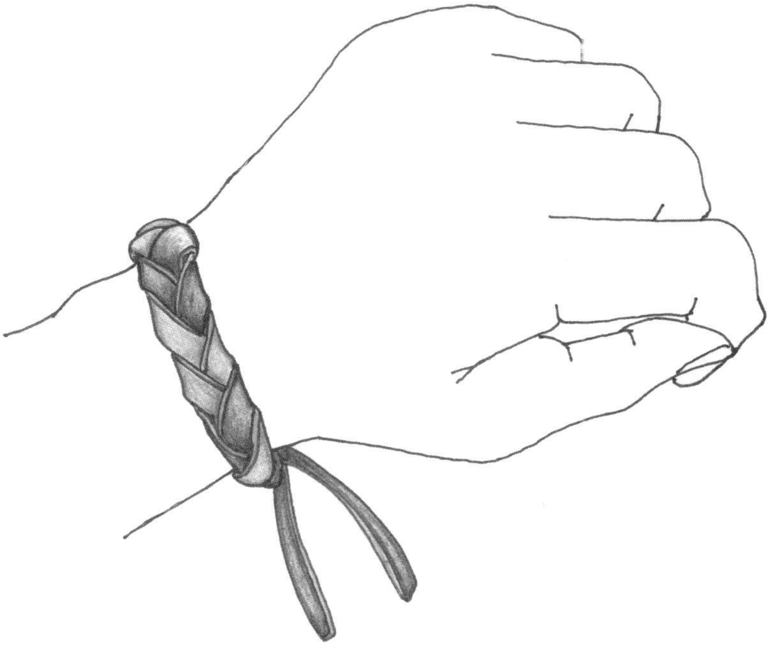

ひもの幅を変えると
ふんいきが変わるよ。

11 一枚革ブレスレット

用意するもの

- 長さ約20cm、幅約2.5cm の革
- ひも状の革、もしくはボタンのようなもの
- はさみ
- カッター

1

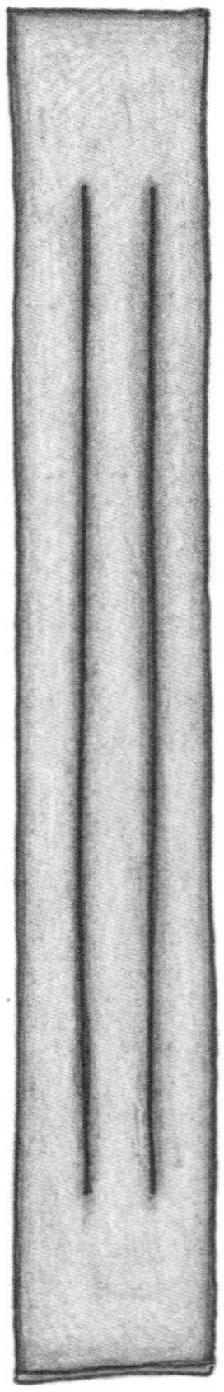

はしから2.5cm のところからタテに２本切り目を平行に入れる。切り目は、革が同じ幅になるようにし、両はしのつながった３本のひもをつくる。

2

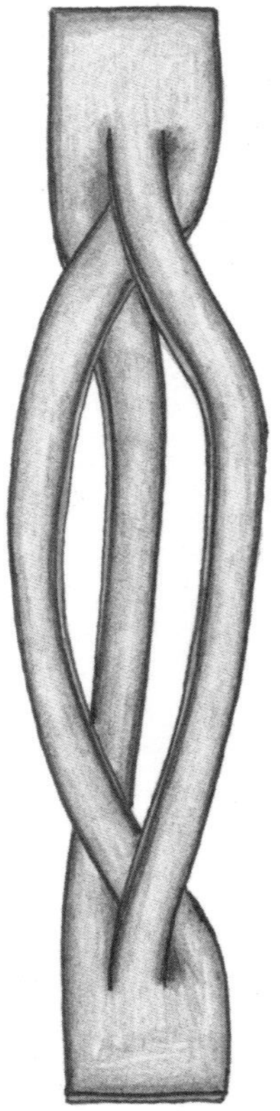

①を表向きにしてタテに持つ。３本のひものうち、右（右利きの人）を中の下をくぐらせて左の上に持ってくる。下はしを後ろから手前に出るように右側の輪に通す。

3

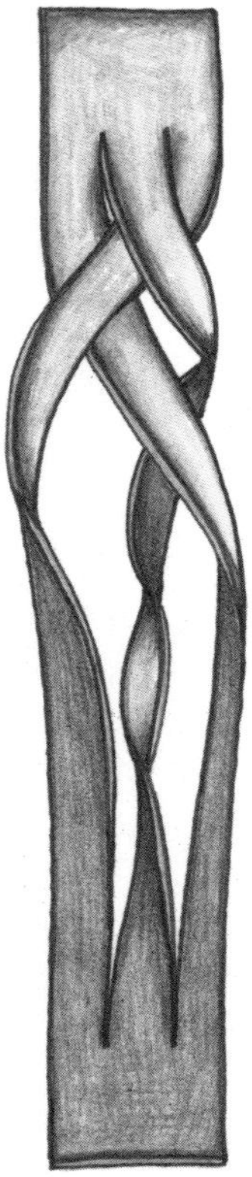

②をくり返す。

4

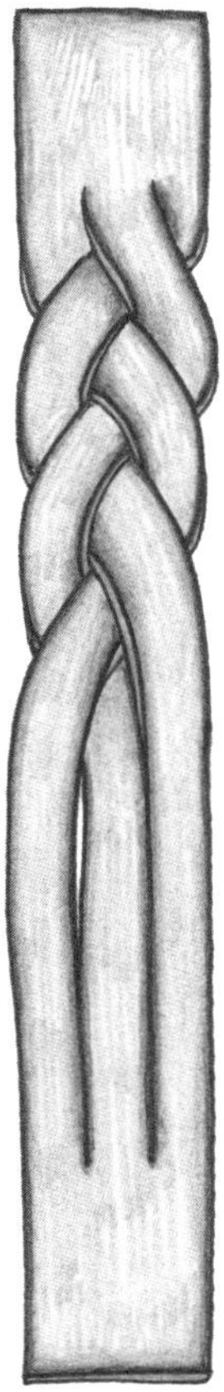

３回くり返すと、ねじれていた革は、きれいに表をむく。

5

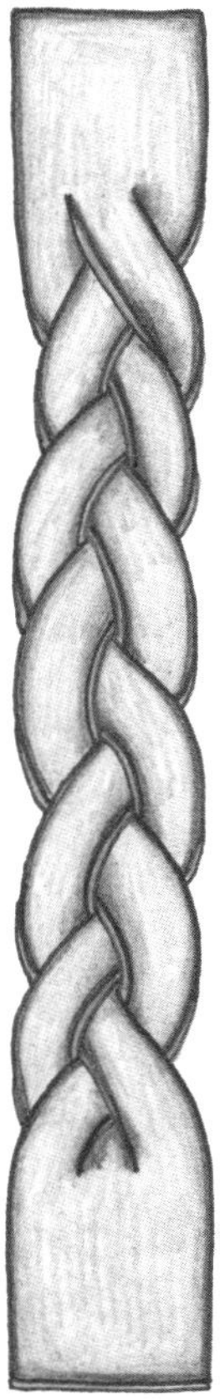

さらにくり返し、革が表を向くように編み終わる。

6

編み終わった革の形を整えて上下に穴をあけ、片方の穴にひもを結べば、できあがり。

ブレスレットのとめ方は、いろいろ。ひもで結ぶもよし、ボタンでとめるもよし。ボタンも革で花などをつくってもおもしろい。また、長くすればベルトになる。工夫しだいでアレンジを楽しめます。

12 かんたんモカシン

用意するもの

- 約40cm ×60cm の革
- 約120cm の革ひも
- 型紙（サイズ23cm の60%）
- はさみ
- ポンチ
- 木づち
- エンピツなど型紙をうつすもの
- セロテープ

1

革に型紙をうつす。
穴も忘れずにうつす。
左と右の両方をつくる。

2

革を切り、ポンチで穴をあける。

3

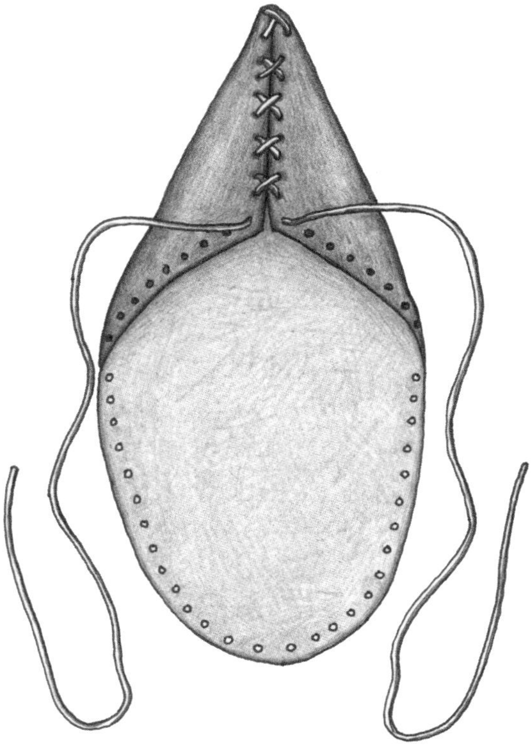

つま先の辺を合わせて、ひもでクロスに編んでいく。
ひもは、左右の長さが同じになるよう、
ひもの中心がつま先にくるように通す。

4

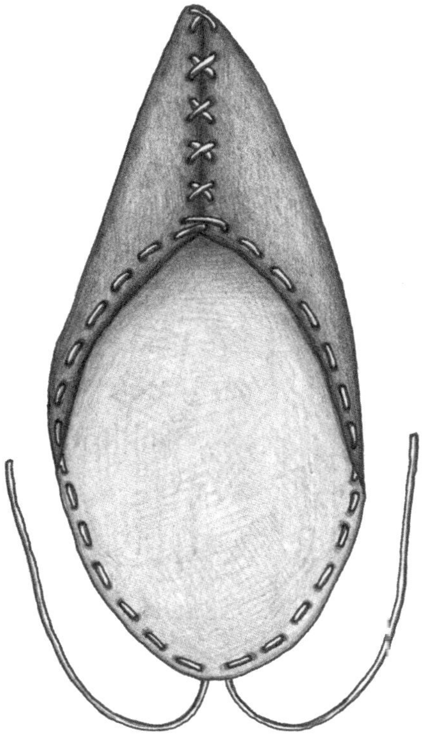

つま先の辺を合わせたら、
左右のサイドの穴にランニングステッチで通していき、
かかとの中心でひもを表に出す。

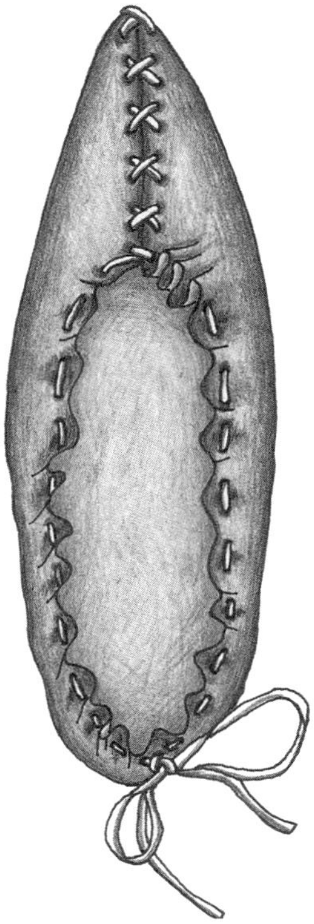

5

ひもをひっぱってギャザーをつくり、
足にそうようにモカシンに丸みをつける。
立体的になったら、
ひもを結んでできあがり。

**やわらかい革を
使ったほうが
つくりやすいでしょう。**

13 植木鉢の太鼓

『人権総合学習つくって知ろう！ かわ·皮·革　太鼓』22〜23頁に紹介している塩ビ管でつくる太鼓のアレンジです。詳しくは、そちらを参照してください。

用意するもの

・塩ビ管のかわりに直径16cm ぐらいの素焼きの植木鉢
・綿ロープは、塩ビ管でつくる太鼓の2倍
・生皮などほかの材料は、塩ビ管でつくるときと同じです。

1

歌口はつくらず、
皮の裁断から始める。
ひもを通す穴は、
塩ビ管でつくるときの倍あける。

2

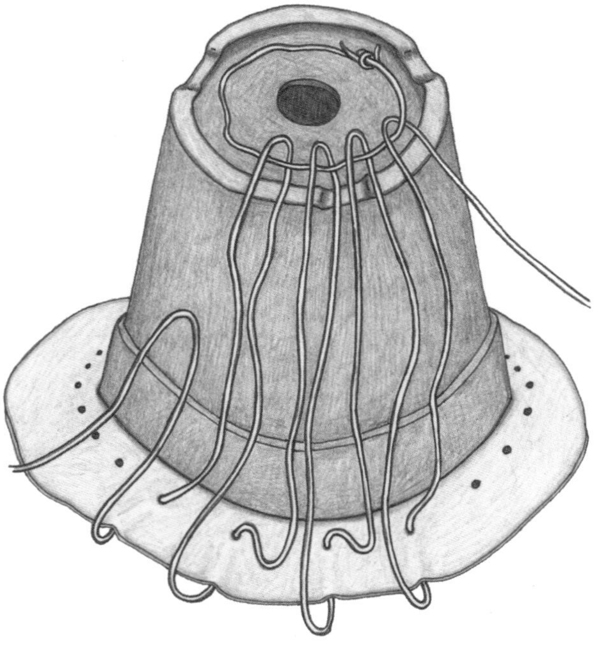

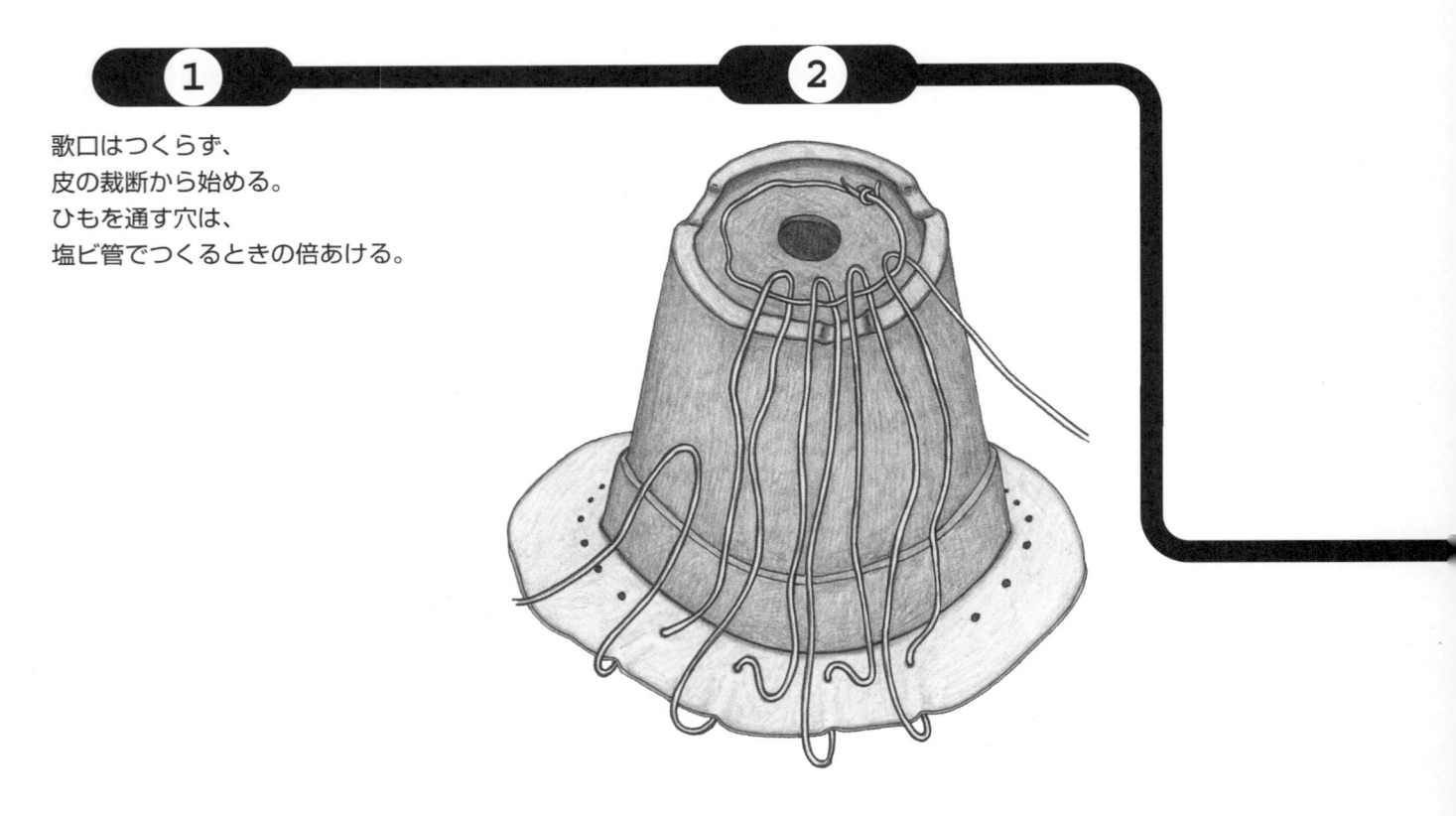

植木鉢の太鼓は一面太鼓になる。
鉢の底には、ひもを結わえて輪にしたものを使い、
皮の穴に通したらひもの輪に通し、くり返す。

ひもを通すとき、強く引くと
ひもの輪が引っ張られてゆがむので、
ゆるく通していく。

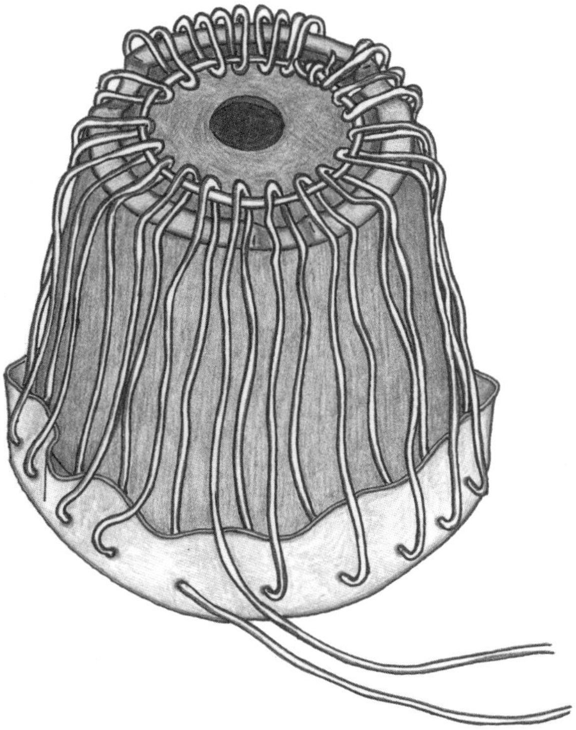

3

4

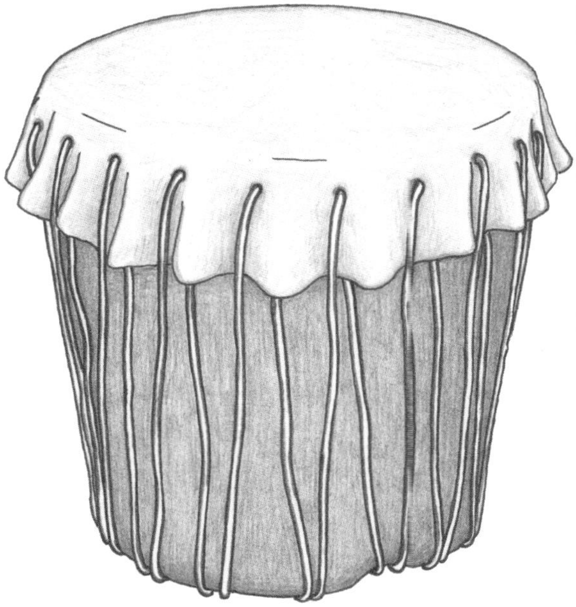

ひもを一回り通したら、
皮をのばしながら少しずつしめていく。

5

しめ終わったら、ひもに飾りをつけるようにさらにしめて、
できあがり。

**根気よく少しずつ
しめていくのが
ポイント。**

14 ランプシェード

用意するもの

・生皮（できるだけ薄いものかトコ皮）
・インスタントコーヒーなどの空ビン
・水
・タオルなど

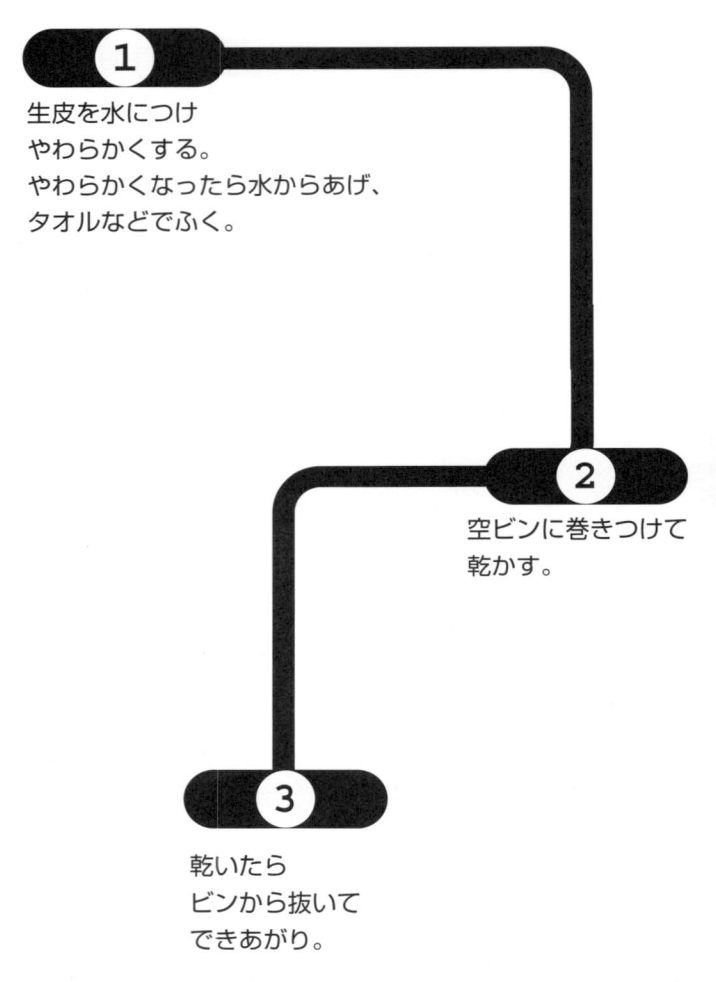

1

生皮を水につけ
やわらかくする。
やわらかくなったら水からあげ、
タオルなどでふく。

2

空ビンに巻きつけて
乾かす。

3

乾いたら
ビンから抜いて
できあがり。

編んだり
縫ったりして
立体にしてもよい。

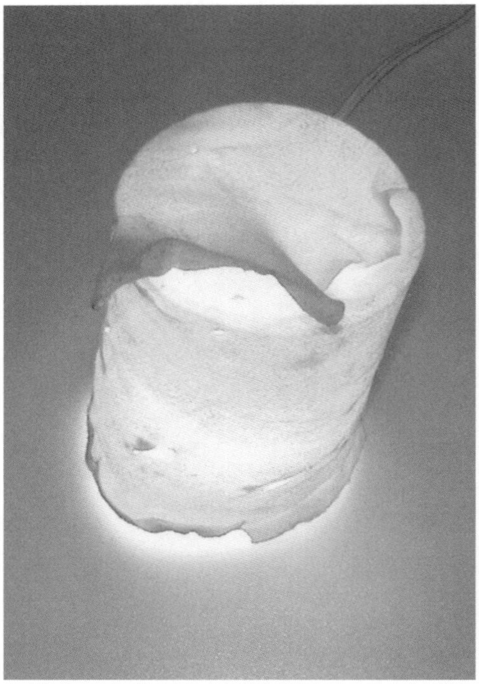

15 折り鶴

用意するもの

・生皮
・はさみ
・水
・タオルなど

1

生皮を真四角に切り、
水につける。
やわらかくなったら
水からあげて、
タオルなどでふく。

2

折り紙の要領で折り、
形を整えて乾かしたら
できあがり。

折り紙の要領でいろいろできます

16 ブックカバー

用意するもの

・革
・はさみ
・接着剤

1

本屋さんでもらう
紙のカバーをもとに、
本のサイズに
折り目の分をたして
革を切る。

2

上下の折り目をボンドではり、
表紙が入るように左右を
袋のようにしてはる。

接着剤ではらずに
ミシンで縫ってもよい。
しおりをつけると便利。

17 ワッペン

1

台の形をきめる。

2 3

アイデアにしたがい、はり重ねる。
裏にピンを接着する。

18 レリーフのペンダント

1

すきな形を厚紙にとる。

2

厚紙を切って模様をはる。

3

うすい革をはりながら、
木づちでたたき、デコボコを出す。

4

もりあがっている部分に
絵の具をつける。

5

革ひもをつける。

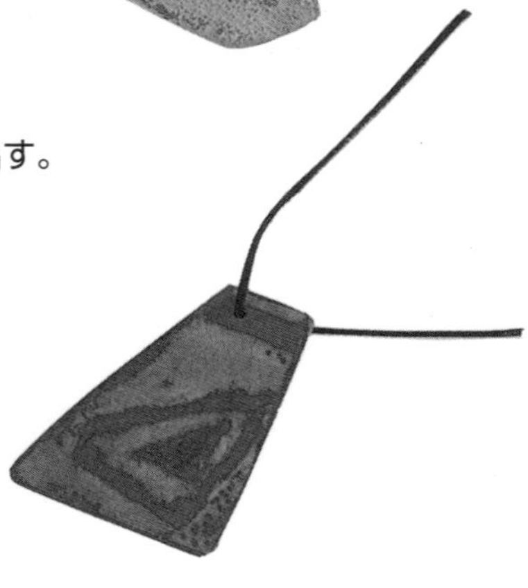

厚い革にスタンプしてもおもしろい

19 コマ

1

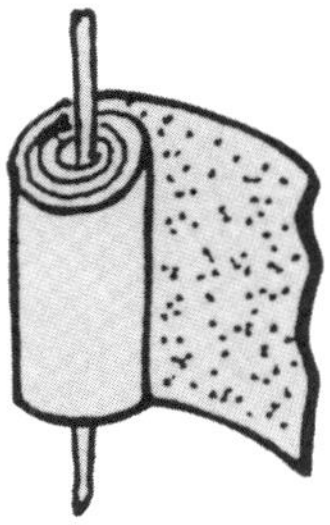

革をテープ状に切って
芯棒に巻く。
芯棒は竹串、つまようじ、ヒゴなどを使う。

2

革の色板を数枚つくりはり合わせ、芯棒を通す。

3

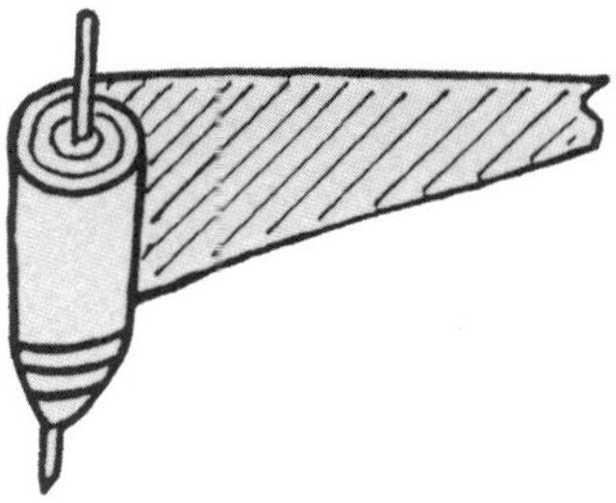

革を直角三角形に切って幅の広いほうから巻く。

20 ポシェット

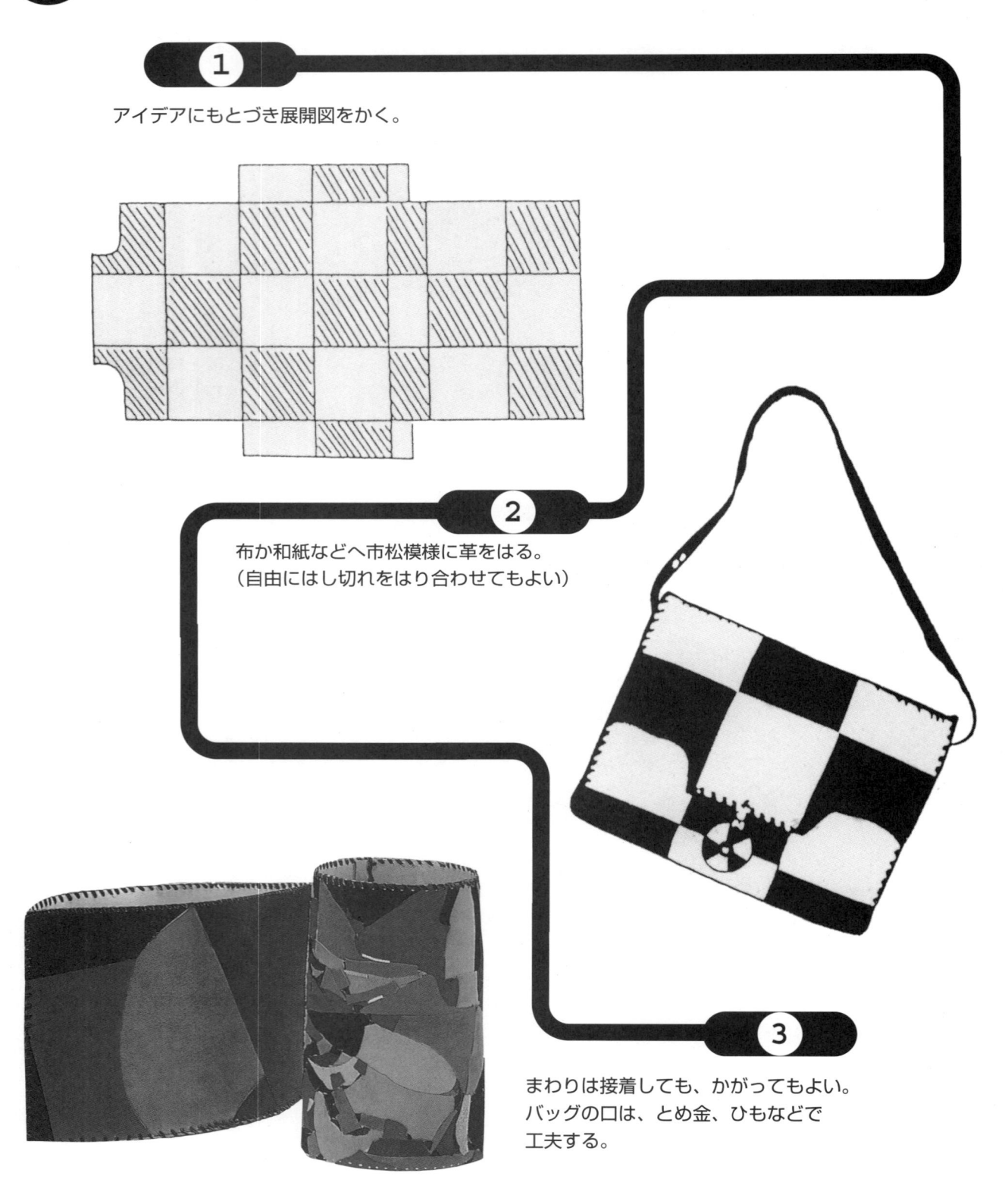

1

アイデアにもとづき展開図をかく。

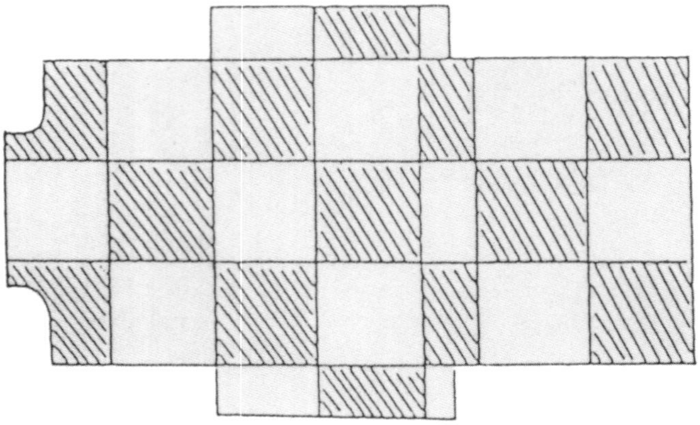

2

布か和紙などへ市松模様に革をはる。
（自由にはし切れをはり合わせてもよい）

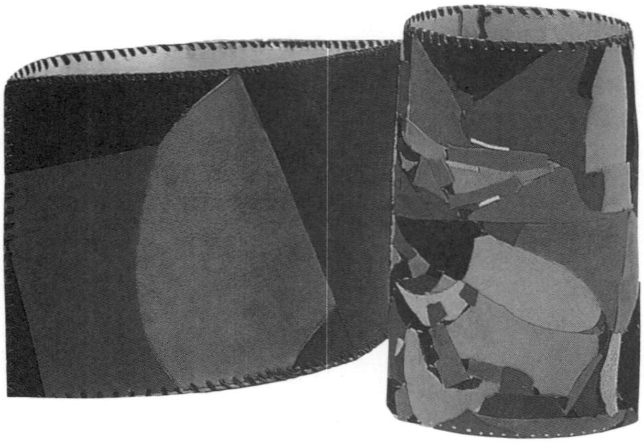

3

まわりは接着しても、かがってもよい。
バッグの口は、とめ金、ひもなどで
工夫する。

２枚つくってかがる。

穴あけは２枚いっしょに
あける。

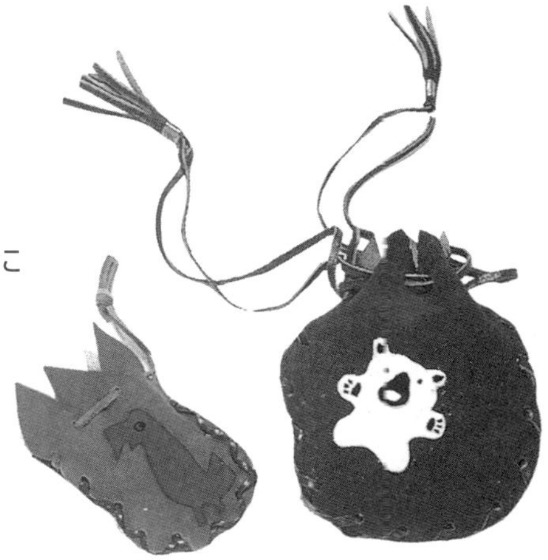

21 人形

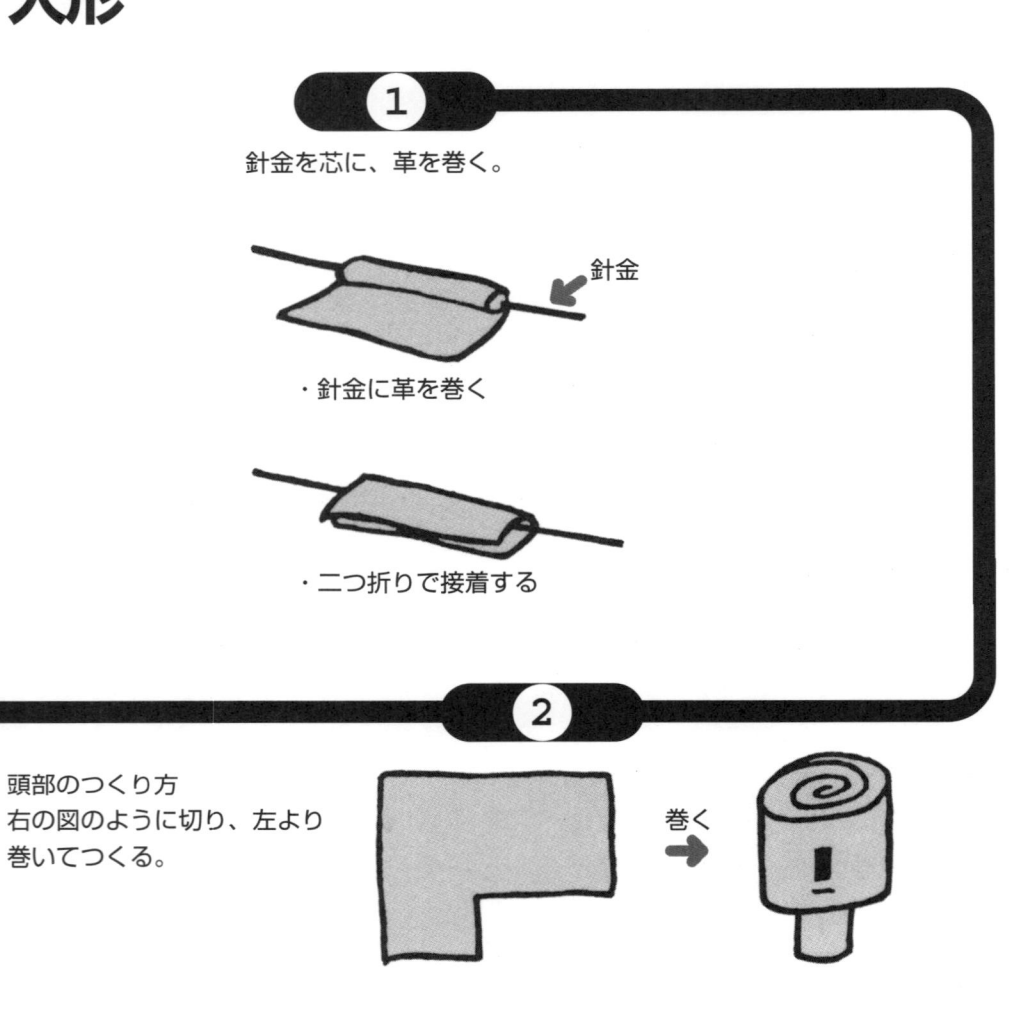

1

針金を芯に、革を巻く。

・針金に革を巻く

・二つ折りで接着する

2

頭部のつくり方
右の図のように切り、左より
巻いてつくる。

●胴・手・足を同じ要領でつくる。
胴はぐるぐる巻いてもつくれる。

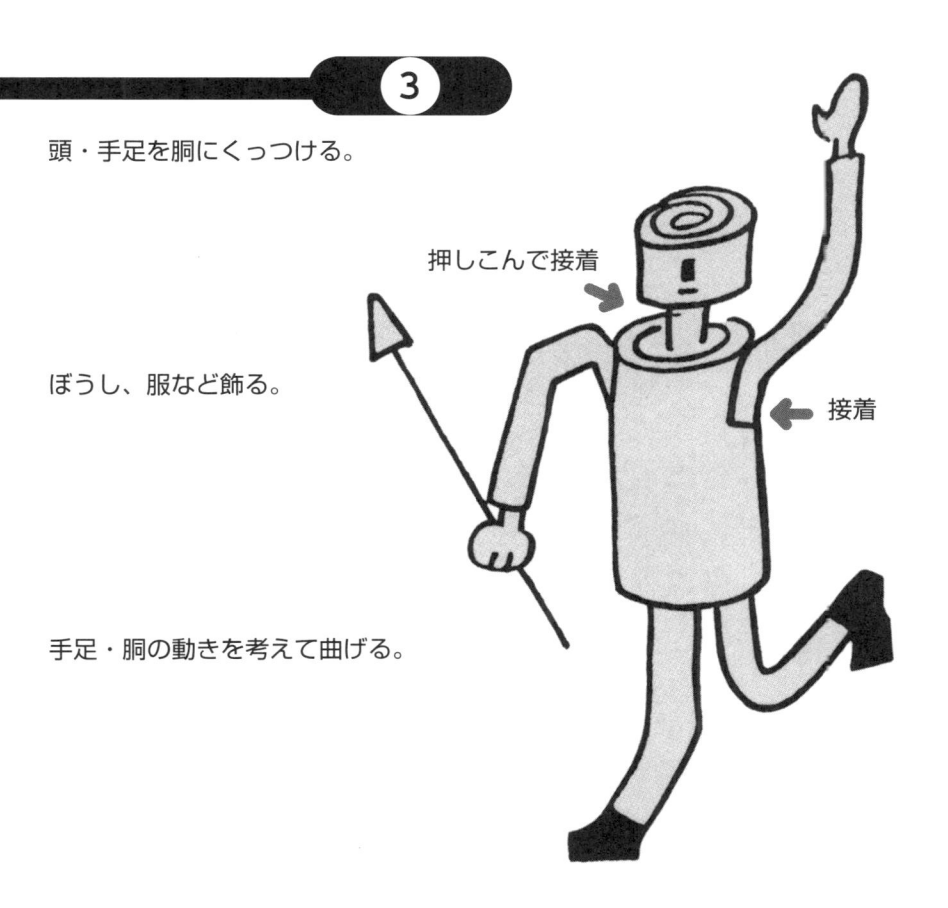

3

頭・手足を胴にくっつける。

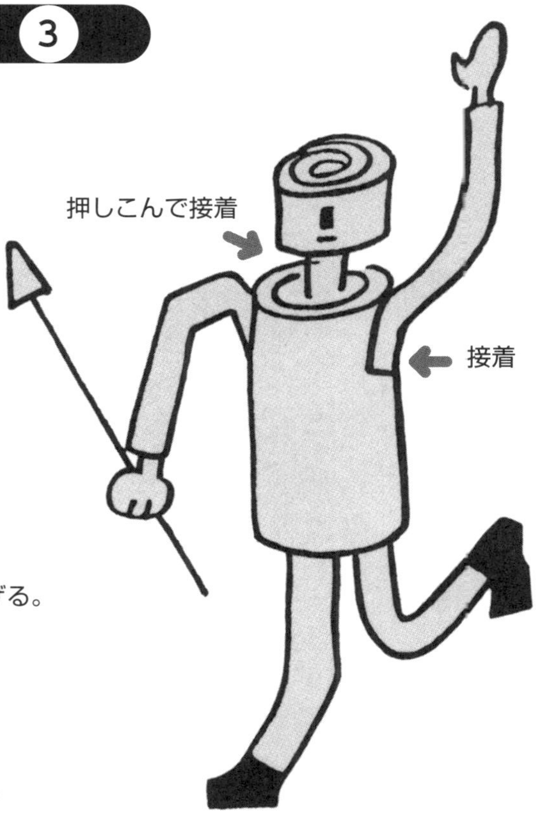

ぼうし、服など飾る。

手足・胴の動きを考えて曲げる。

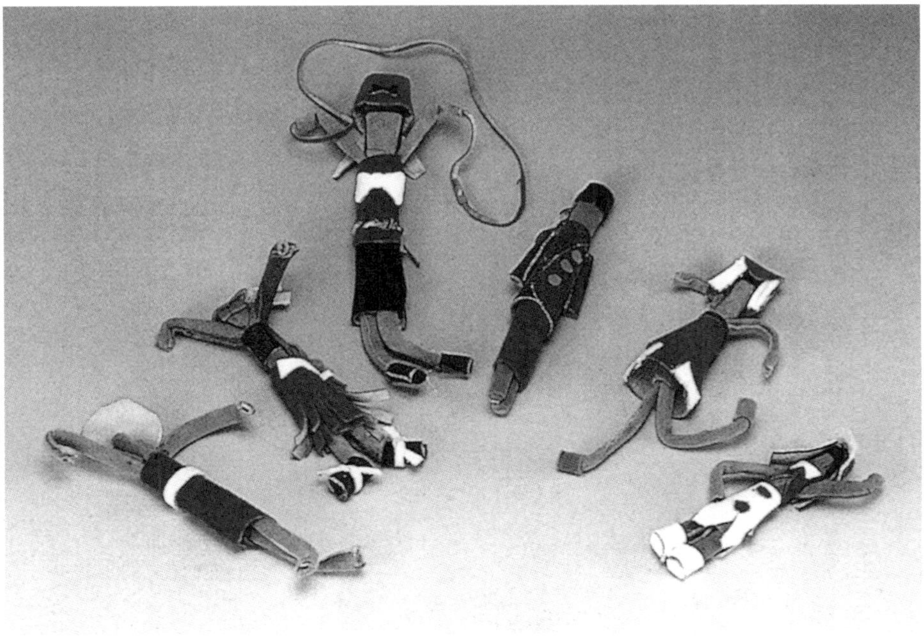

㉒ レザーアニマル

1

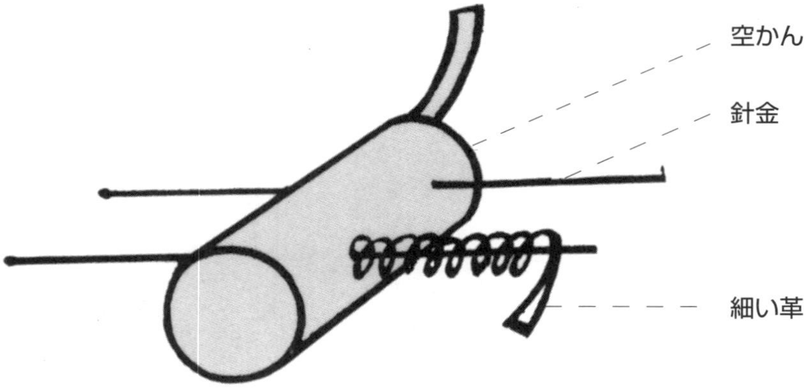

空かんに針金を通し、手・足をつくる。

2

手・足に1cm幅ぐらいの革を巻く。

3

頭部は人形づくりの要領でつくる（86頁参照）。
または、平面的につくって、はってもよい。

4

胴は動物のイメージに合わせて、はし切れをはる。

㉓ パズル

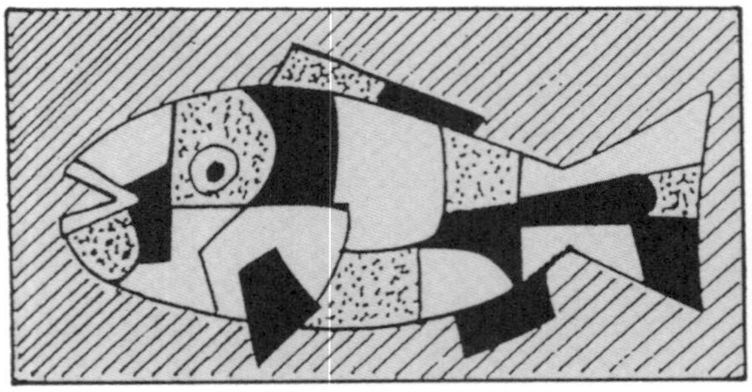

魚のパズル

模様のパズル

1 つくりたい形を厚紙にかき、革をはる（ベニヤ板など）。

2 分割の線をきめて切る。……（形に合わせて／形にこだわらず）
あまり分割を細かくしない。

24 モビール

用意するもの

- 厚紙
- 革のはし切れ
- はさみ
- 接着剤
- 細いタコ糸、またはテグス
- 棒（細木、竹ヒゴ、針金など）

1

つり下げる部品をつくる。
重さのバランスをとり、糸をつける。

糸を左右に動かしてバランスをとり、
糸を結び接着剤でとめる。

2

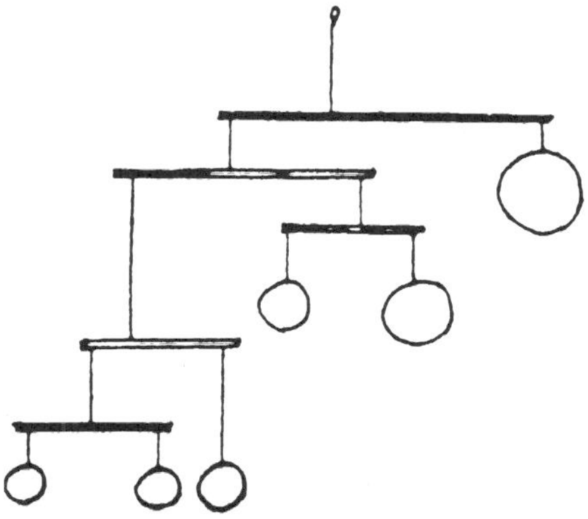

3

下の部品のつり合いをとりながら
作品を上へ上へと完成していく。

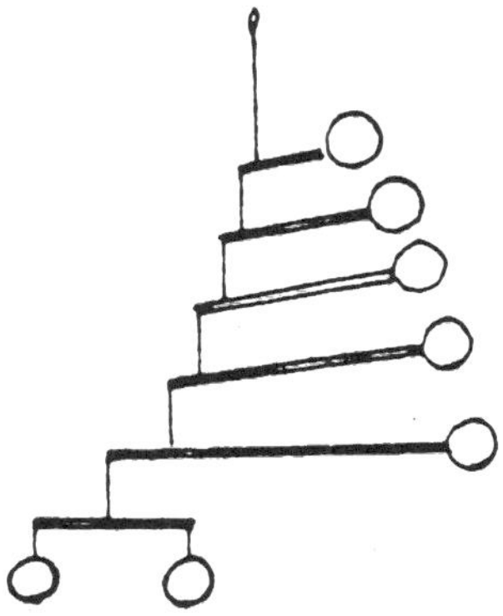

**ほかにも、ペットボトルなどを
利用してつくることもできる。**

生皮とペットボトルのモビール

25 保育所の作品

革は丈夫で手ざわりがよく、切ったりはったり簡単な方法で楽しめるため、保育所の子どもたちでもつくることができます。ここにあげた作品は、大阪市浪速区内の５カ所の保育所でつくられたものです。

修了記念の壁飾り（子ども制作）

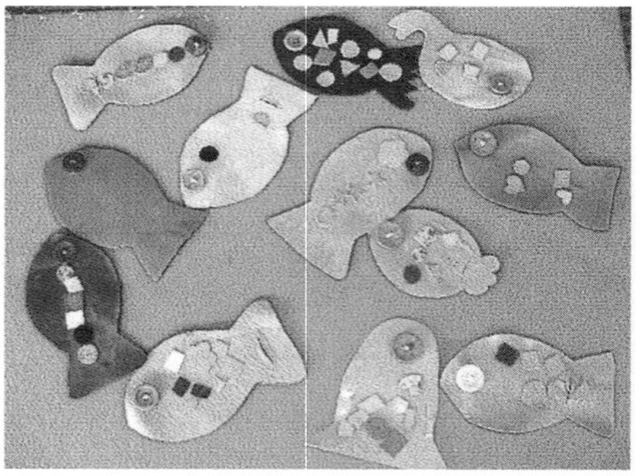

ボタンかけ遊び　魚（保育士制作）

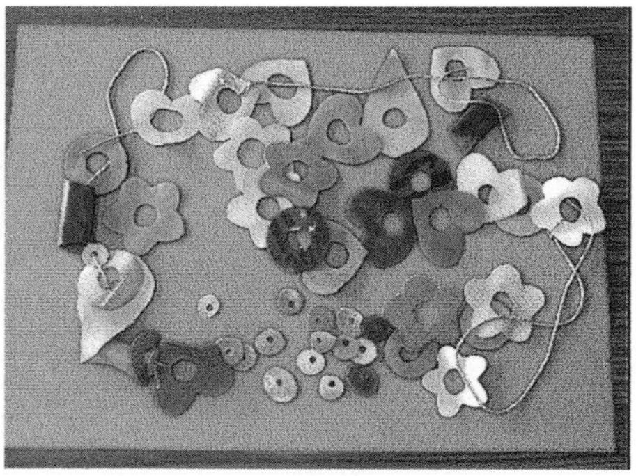

ひも通し遊び（保育士制作）

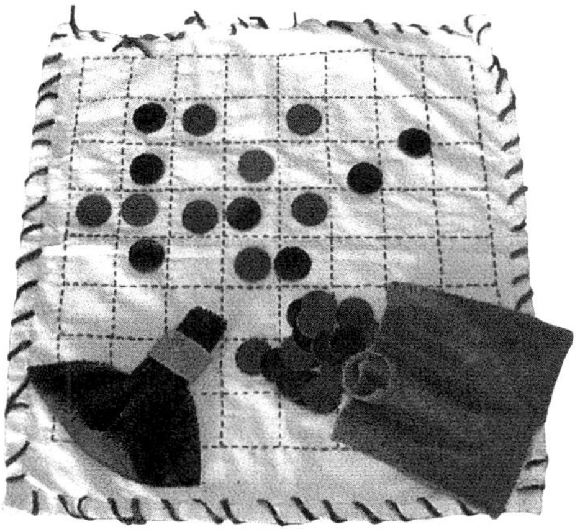

オセロ（保育士制作）

ペープサート（保育士制作）

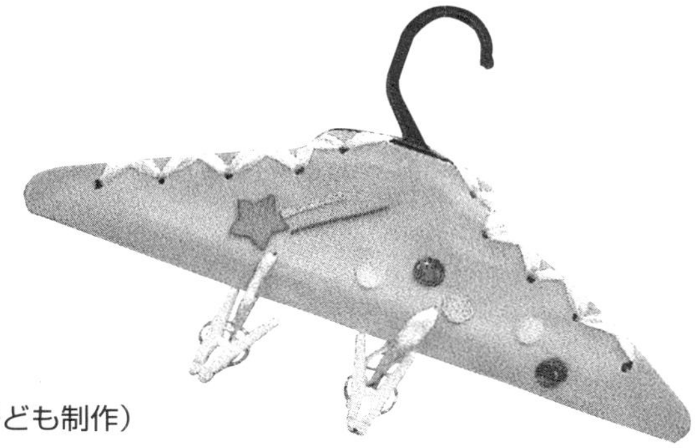

ハンガー（子ども制作）

絵本（保護者制作）

飾り（保育士制作）

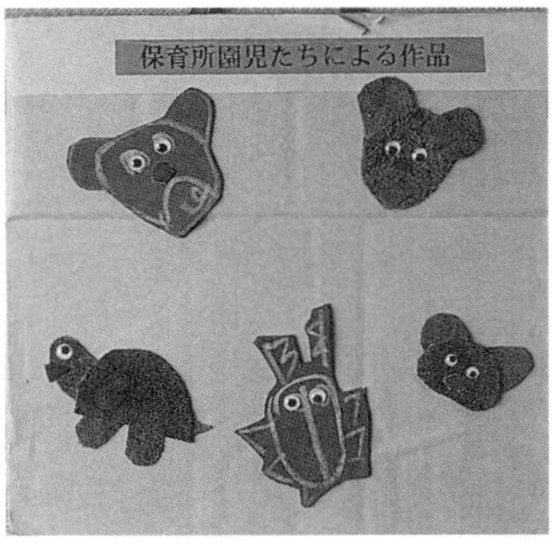

壁飾り（子ども制作）

III

皮革の仕事と歴史

革つくりの歩み

藤沢靖介・渡辺敏夫

●………はじめに

東京・墨田区の一角に荒川と中川と中居堀（今は暗渠《あんきょ》）に三方を囲まれた木下川《きねがわ》地域があります。

ピッグスキン（豚革）の生産のうち、全国の７～８割はここで鞣《なめ》されています。数十軒の鞣《なめし》業者のほか、油脂、飼料、肥料などの関連業者が集まっている東京で最大の皮革鞣地域なのです。

牛革や爬虫類《はちゅうるい》の鞣業は、荒川区、墨田区、足立区などに分布していますが、牛革の生産は関西が中心で、東京はあまり多くありません。

ここに皮革産業が定着し始めたのは、19世紀末（明治時代の半ば）頃からです。それまで浅草を拠点としていた鞣業者に政府が強制移転を命じ、この地域に多くが移ってきました。

そのころは、葭《よし》や芦《あし》の生い茂る湿地帯で、人々は、住居や工場を造るために自ら土盛りをするなど、苦労を重ねたといいます。河川の出水にも度々あいました。戦前地元の人が書いた戯曲に「トロッペ（鞣しの仕事）を覚える前に水泳を覚えろ」というせりふがあります。

この地域で豚革の鞣が広がったのは、20世紀に入ってからといわれています。ここで鞣された豚革は遠くヨーロッパにも輸出され、品質が良いとして好評でした。イタリア、フランス、スペインなどで加工され、「グッチ」などのブランド品として日本に戻ってきていました。ヨーロッパの高級品を支える素材も木下川は提供してきたのです。

鞣の技術と仕事

動物から採った「皮」（原皮という）は薬品と結合して、丈夫で腐らない「革」に変化します。革の字には、あらたまるという意味があるのです。

「鞣」の工程には、水がついてまわり、１枚の豚革を鞣すのに、平均300リットルの水が費やされるといいます。大きなドラム（「たいこ」と呼ぶ）に皮と薬剤と水を入れ、ぐるぐる回して攪拌《かくはん》しながら、化学的な処理をします。一つの処理（例えば脱毛、鞣、染色など）ごとに水洗し、薬剤の中和をし、また水洗します。職人・労働者達はその度に、数百枚の水を含んだ重い皮革を１枚ずつたいこから出し入れします。

製品の出来・不出来は、薬剤の量、温度、反応時間などに左右されます。皮の種類や状態も見極めなければなりません。経験と知識、それに「勘」も必要なのです。昔は「ベロメータ」などという言葉もあって、歯がぼろぼろになったり、爪が無くなったりもしたといいます。

原皮から皮下脂肪を取ったり、周辺の部分をカットしたりする仕事には鋭い刃物が使われます。１枚の皮を２層～３層に剥《は》ぐ場合もあります。

現在では機械化している部分が多いのですが、なにせ生き物が原料ですから、１枚１枚（１匹１匹）が全部違います。体の部位によっても、皮の厚さや強さが違ってきます。それらを判断しながら的確に作業しなければ、ミスやムダが生じたり、製品の質が変わったりするので、熟練が不可欠な仕事なのです。

大量生産のきく合成皮革で、本物の皮革に近い特性の素材は、当分は生まれないでしょう。熟練した職人・労働者の厳しい労働が、現代人の食料になった動物が残した遺産を、貴重な資源として再生しているのです。

木下川で豚は、美しく、強く、人の皮膚のように呼吸する、革に生まれ変わるのです。

本稿では、わが国の歴史の中で、人々がどのように皮革とかかわってきたのか、戦国時代の大名と革つくりの人々とのかかわり、江戸時代の革つくりのしくみ、近代産業として脱皮した明治維新以降の黎明期の革つくりなど、皮革産業の歴史を概観します。

●………古代から中世へ

鞣の技術の歴史

皮革は古代から、武具あるいは献上品として用いられ、「延喜式」などにその記録が見受けられます。

西暦780年には「以後諸国で造る年料の甲冑《かっちゅう》には鉄ではなく革を用いよ」と勅令がだされました（『続日本紀』）。高麗より渡来人「須流枳《スルキ》・奴流枳《イヌキ》」が「高麗熟皮」を伝えるなど、６～７世紀に技術が進んだからでした。

この時代、皮革生産の技術者達は律令制下の中央工房に統括されていました。

平安時代の後期になると、皮革業は次第に手工業として広がります。これを担ったのが「河原者」とか「キヨメ」と呼ばれた人々です。

これに関する最初の記録が、源経頼の日記の『左経記』の1016年正月２日の条にあります。それには、たおれた牛の皮を、「河原人」が来て剥ぎ、牛黄《ごおう》（牛の胆石、極めて貴重な医薬品）を取ったこと、役人が牛黄を提出させたことが記されています。

牛黄の価値が良く知られていたのですから、牛馬の解体は近畿中央部では、すでに定着していたと思われます。

技術・芸能と被差別民

中世の人々は、様々な自然現象を恐れましたが、とりわけ天皇や貴族は、人や動物の死に関しては「ケガレ」として極端にこれを忌避しました。肉親の墓にさえ近づこうとしなかったのです。

この「ケガレ」をキヨメる分野を検非違使《けびいし》の指揮の下に担ったのが、「キヨメ」「河原者」でした。

当時、多くの技術や芸能は、神事・呪術とみなされていました。

支配者達からは「賤《いや》しい」「けがれた」とされた人々は、実は専門的な技術や神事芸能の担い手でもありました。例えばこの時代の京都の有名な庭園は「河原者」がつくったものです。彼らは、皮革の技術者であるとともに、「造園技術者」でもあったのです。

井戸を掘る、橋を造る、用水や溜池を掘るなどの技術にも被差別民は深くかかわっていました。

●………戦国時代の革つくり

1526年、駿府《すんぷ》（今の静岡）の戦国大名・今川氏親は「かハた彦八」に一町半の屋敷地を与え、皮革を集め上納する役を命じました。以後、今川氏は数回にわたって、「かわた」「皮つくり」に同様の指示を出しています。

小田原に本拠を置いた北条氏もまた1538年に、長岡の「九郎ゑもん」を通して伊豆全体の「かわた」に皮役を務めるよう指令し、他者に仕えることと他国への移動を禁じています。

今川、北条、武田、上杉、徳川ら東日本の戦国武将は、おしなべて「かわた」「長吏」集団に皮役等を命じ、代償として皮革などの専売権を認める文書を出しているのです。

戦国大名たちは、一般に軍事力の基礎として城下に職人を集め、「頭」を通じて職人集団の掌握をはかりましたが、とりわけ皮革については強い関心を示し、革つくりである「かわた」「長吏」を自分の支配下に組み込もうとしたのです。

武蔵国以北では革つくりは「長吏」と称されていましたが、長吏には皮革とともに砥石《といし》の役が命ぜられ、砥石の専売権が認められています。群馬県西部から出る優良な砥石が同じく軍事物資として重視されたからです。

この長吏・かわたの人々が、江戸時代に「えた」身分にされていくのですが、この時代の社会的待遇は、後世のような厳しい身分的差別とは違っていました。「ケガレ」観などによるある種の忌避は存在しましたが、差別は制度的に固定化されてはいなかったのです。戦国大名の多数の文書は革つくりを重要視したことを示しています。扱い方をみても他の職人と基本的に同じで、特に差別した点は見られません。

しかし、江戸時代には、多くの職人・商人集団が町人に変わり、農村に残ったものは百姓身分になっていったのに対し、革つくりだけは、厳しい近世身分制度の最下層という差別的な位置づけを強いられました。

「穢多」という人間を冒瀆《ぼうとく》した呼び名が強制されていくのも17世紀半ば以後なのです。

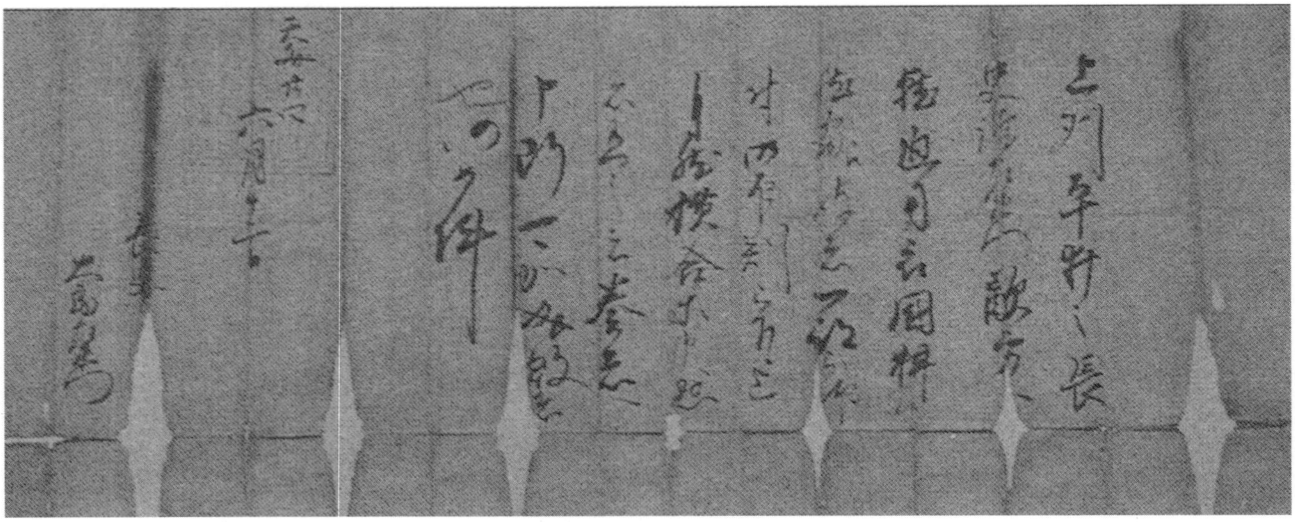

長吏・かわたなどへの戦国大名の文書

●………江戸時代の革つくりの仕組み

豊臣秀吉は、太閤検地・刀狩りなどで兵農分離・農商分離を行いました。

支配者である武士は城下に住み家臣団として給禄をもらうことになり、農村は百姓（年貢負担者）、町は町人（職人・商人）という近世身分制度がつくられ始めたのです。

職人・商人集団の多くは、この時期に、次第に町人共同体・百姓共同体に組み込まれていきましたが、「長吏」「かわた」と呼ばれた革つくり集団は、町にあっても農村にあっても「枝村」（本村に対していう）などの形で独自の集団として残されました（これが今日の被差別部落の源流となる）。

17世紀後半から18世紀初頭にかけて、これらの人々に対し、「穢多」呼称を強制したり、「宗門人別帳」を別冊にしたり、差別が強化され、「武士／百姓・町人（農・工・商）／えた・ひにん」という近世の身分差別制度がつくり上げられたのです。

皮革、特に牛馬の皮の生産は、「えた」「ひにん」と呼ばれた人々の専業となりました（もちろん革つくりだけで生計は立たなかったので、農業や商工業にも従事した）。

東日本では農耕に馬を使いましたが、馬が死んだら（斃牛《へいぎゅう》馬《ば》という）持ち主は所定の馬捨場に捨てなければならず、勝手に売ったり埋葬したり、別の捨場に捨てたりすることは許されませんでした。

長吏・かわただけが解体処理して皮を取ることができる決まりだったのです。

斃牛馬を取得する権利を持つ者は、地域（職場、関西では草場と呼ぶ）ごとに定まっていて、職場は更に日割りで分割所有されていました（場日と呼ぶ。関西では日割りではなく歩合＝株式方式であった）。場日や持ち株は長吏・かわたの人々の間で自由に売買されたのです。

斃牛馬から取られたのは、皮だけではありません。骨や毛、内臓、蹄《ひづめ》、肉あらゆる物が利用されました。貴重な動物資源から、肥料、飼料、医薬、工芸品等の原材料が採られたのです。肉も「薬食い」と称して、一般にも食べられていました。

また、経験を生かして牛馬医者や牛馬の鑑定に従事した者もあり、周辺の百姓からも頼りにされました。

1771年、杉田玄白・前野良沢らは浅草の小塚原で人体解剖を試み、オランダ医学書の翻訳（『解体新書』）を決意しましたが、解剖の執刀は「えたの虎松の祖父」が行ったのです。老人は、「これが心の臓」などと教えたと書き残されています。

解体の技術や経験は、近代医学の幕開けにも貢献したのです。

斃牛馬の捨場あとに残る馬頭観音

●………第13代弾左衛門

徳川幕府は、浅草「新町」の「長吏頭（えた頭）」弾左衛門を通して、関東八州（一部を除く）と伊豆

第13代弾左衛門改め弾直樹（『皮革産業沿革史』）

全域、甲斐、駿河、陸奥の一部の計12州の長吏・かわたを支配しました。徳川氏はお膝元を固めるために、戦国大名の政策をひきつぎ、弾左衛門を登用したのだと考えられます。弾の住んだ浅草「新町」には公務を司る「弾役所」と公事宿や問屋などがあり、１万５千坪の地域に、幕末で230軒余の人々が居住していました。

関西では、いくつかの大きな部落に鞣業者がいましたが、関東では、解体処理した牛馬の皮は、弾左衛門のもとに送る決まりになっていたので（原皮は乾かされて、浅草に運ばれ、運搬には多分舟を多用した）、地方には一部をのぞいて鞣業者はなかったようです。そのため鞣の技術や利益は在方に蓄積されず、弾左衛門と「新町」の人々が主に産業技術を近代につなぐこととなるのです。

弾配下の長吏の人々は、刑吏や警察の下役などにも従い、日常的には農業や商工業をおこないました。

関東の特産品ともなった織物の竹筬《たけおさ》（縦糸を整序して通す織機の主要部品）もほとんど長吏の手で生産されており、そのため、千葉県の百姓身分の筬商人は弾役所から鑑札を買って商いをしたという史実が残されています。また燈芯《とうしん》の製造・販売も弾家の専売でした。長吏の人々は、農業に基づく年貢は村方に納め、皮革に関しては「職場年貢銀」を弾役所に納入しました。

また本村との紛争に当たって、長吏の人々は、弾役所を通じて江戸町奉行所に直接訴えるなどして対抗することもありました。

西国の皮革産業の中心の大阪渡辺村は、瀬戸内などの海路を使って、九州や日本海側にまで商売を広げました。弾家の縁組関係も遠く広島にまで及んでいます。技術の交流も行われたと考えられます。

第13代・最後の弾左衛門（後に弾直樹と改名）は兵庫県の住吉から婿入りしました。生家の寺田家は医者であり、直樹も明治維新後一時、医学御用を務めました。直樹は、幕末動乱期に、第二次長州戦争に軍夫500人を従軍させるなど幕府に肩入れして、自分と配下の「身分引き上げ」を実現させようとし、明治新政府にも身分差別制度の撤廃を建言しました。

●………近代皮革産業の幕開け

西洋技術の移入と軍靴製造

明治維新とともに、皮革産業でも欧米の鞣技術の移入が図られ、近代皮革業が勃興しました。その系譜は①在来、②政商、③士族授産の３つといわれ（『皮革産業沿革史』）、①の代表格は弾直樹、②は西村勝三（桜組）、③では大塚製靴などが挙げられます。

弾直樹――伝統の土壌に欧米技術を結合

在来型は、長吏の担った伝統技術を基盤に西洋技術を取り入れて近代皮革業を興したもので、弾は「賤民身分制度」の撤廃を進言しつつ、1869（明治２）年頃から、配下の生計の道として、洋式皮革技術を伝習し、製

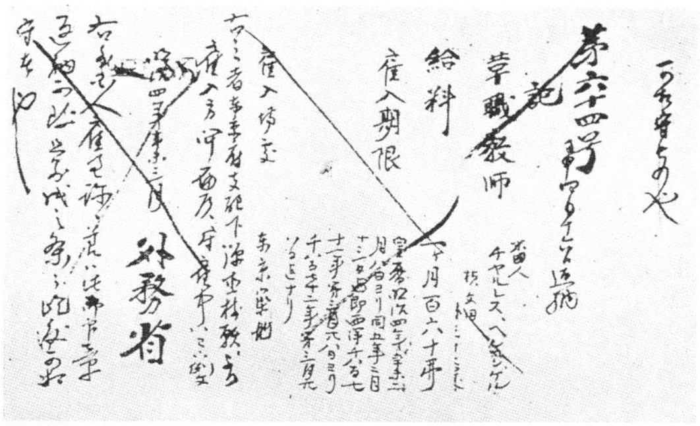
革職教師
給料
雇入期限
外務省

弾直樹の米国人チャルレス・ヘンニンゲル雇入届（外務省蔵『皮革産業沿革史』より）

浅草亀岡町の弾製靴所（『皮革産業沿革史』）

品を一手に集めて兵部省に納めようと企画しました。

1871（明治４）年、弾は米人チャルレス・ヘンニンゲルを技師に雇い、王子滝之川の旧反射炉跡を借用して「皮革製造伝習所」「軍靴伝習所」を開きました。

７月には「茶利皮」「ボンボン靴」を見本として兵部省に納めましたが、チャルレスに因んだこの名は、最近まで広く使われていました。

同じ年、「解放令」が出され、「えた・ひにん」という身分差別制度は廃止されましたが、その半年前に斃牛馬処理権という職業的権利だけが先に奪われ、原皮の入手が難しくなりました。

1872（明治５）年、弾の工場は浅草橋場の旧銀座跡地に移され、さらに経営難から三井組の北岡の援助を受けます。そして、やがて西村勝三の創業した流れに吸収されていったのです。

弾の伝習所で技術を習得した人々（大阪や兵庫からも来ていた）は、やがて自立し皮革業や靴製造業の中心を担っていきました。経営的には成功しませんでしたが、弾は、浅草や木下川、関西では姫路や大阪などの近代皮革業の発展に大きく貢献したのです。

西村勝三――伊勢勝・桜組→大工場の主流に

今日の日本を代表する皮革会社の創業者が、西村勝三です。西村は佐倉藩の支藩・佐野の藩士でしたが、幕末横浜で政商的活動を始め、武器輸入などで巨利を得ました。靴製造は、新政府の軍制の中心人物である大村益次郎に勧められたのがきっかけといいます。

西村は、まず築地入船町の二軒長屋で清国人藩浩から３人の練習生に技術を教えさせ、翌1870（明治３）年３月15日（1932年に靴の記念日に制定された）同町に伊勢勝靴工場をつくりました。

職工は、佐倉・川越の旧藩士の二三男、後には佐倉の旧藩士も伝習生となったといいます。

大塚製靴の創始者は、この旧佐倉藩士が地元に戻って教えた者の一人でありました。

靴の原料である革についても、西村は1870（明治３）年10月に築地入船町にドイツ人ボスケの指導で製革工場をつくり、1871（明治４）年11月には向島須崎村に移転しました。

軍靴用の甲革の製造はその翌年に初めて成功したといわれます。

西村は、後の苦難の時期を小野組や渋沢栄一の援助で乗り切り、1884（明治17）年に桜組と改称して日本の皮革資本の主流を担っていきました。

軍需と結びついた初期の近代皮革業

西村の靴の本格的生産は、1871（明治４）年と1872（明治５）年に兵部省から大量の注文を受注し、同1872年にオランダ人レ・マルシャンを雇ったのに始まります。旧藩士からなる軍隊を解体し洋式軍隊に置き換えるための注文でした。

西村の創業期の苦境を救ったのも1877（明治10）年の西南戦争であったといいます。庶民が靴を履く時代ではなかったので、近代皮革業の黎明期、弾も西村も軍需に依存していたのです。後の近代皮革業の確立期も「日清」「日露」の戦争需要と官需（警察など）が大きかったのです。

では、民需としての近代皮革業の始まりはいつだったのでしょう。西村は1872（明治５）年７月、「郵便報知」紙に初の一般向けの靴広告を出しました。それでもまだ金持ち階級向けの域を出なかったでしょう。

明治10年代に入ると、浅草新谷町に大野、秋元ら滋賀系の皮革産業者が小工場をつくり始めます。これらの業者もまた軍需を背景としていたと見られています。

そして、1873（明治６）～1902（明治35）年、旧「新町」や新谷町の鞣業者に非情な郊外移転の命令が、数度にわたって東京府、警視庁などから出されました。木下川や三河島が新たな鞣地域として形成されたのは、これがきっかけだったのです。

●………大正から昭和（戦前）の皮革産業

「軍需と共に」発展してきたというのが戦前までの皮革産業における経過です。

政治・経済の基調に「富国強兵」というスローガンを掲げて軍備増強を図り、列強の国々に追いつけ、追い越せとばかりに国民を駆り立て、産業はその一翼を担い、日本経済の発展に邁進したのです。皮革産業も同様でした。

大正初期に発生した第一次世界大戦は、好景気という状況をもたらし、皮革産業も漁夫の利をしめてロシアからの大量受注を含め、史上最高の活況となりました。

しかしやがて、終戦と共にルーブルの大下落により大損失を蒙《こうむ》る業者が続出し、しかも投資した設備に対する需要は充たされず、深刻な不況が国内を襲ったのです。

関東大震災後の洋装化と活況

さらに大正期における大きな出来事といえば、1923（大正12）年９月１日に突発した「関東大震災」です。東京や横浜は一面の焼け野原と化し、関東一帯は大被害に襲われました。皮革および同製品は殆ど焼失し、そのために需要は急伸したのです。

やがて丸の内をはじめ都市化の復興が進められ、メインストリートはアスファルトで舗装され、ビルが立ち並び、女性の職場への進出が始まり、街往く人々の服装も洋装化し革靴やハンドバッグなどの需要が好況を押し上げていったのです。

このブームに乗って民需を主体とした製靴会社として千代田機械製靴（福島松男）と東京スタンダード靴（宮沢胤勇）が創立しました。

震災の復興景気が覚めると市場は再び沈滞ムードとなり、不安のうちに大正は終わるのです。しかし、この頃より靴、袋物卸商の創業が散見されます。

「戦間期」と呼ばれる二つの大戦に挟まれたこの時代は、政治・経済・社会の面で波乱万丈のうちに推移して、日本は遂に壊滅の日を迎えることになるのです。

昭和初期の不況と戦時下の皮革統制

昭和初期から金融恐慌が始まり、世界恐慌がわが国にも波及して不況は深刻の度を増し、皮革工員も靴工も仕事のない毎日が続きました。1931（昭和６）年、日本は「満州」に市場と活路を求め、戦争を起こしました。同時に、防寒靴と革ジャンパーの大量注文が殺到したといいます。

戦火はやがて中国大陸に及び、日中全面戦争に突入したのです。「挙国一致」の戦時態勢となり、「被服本廠」を中心に軍装皮革品の増産が求められていきました。

軍需工場である日本製靴、大塚製靴は言わずもがな、東京靴同業組合でも年間５万足の軍靴製造を受注し、組合員に割り当てるなど業界の総力を挙げて軍靴を生産したのです。もちろん組合員による手縫いの靴でした。

1937（昭和12）年８月に皮革の輸入が禁止され、翌年には国家総動員法の公布により、本格的な戦時体制が確立され、すべてが統制下に置かれたのです。皮革の使用制限規則、配給統制規則が出され、革商らの手持ちの牛革を軍需用として被服廠に買い上げとなり、以後、自由な商売はできないという、皮革産業始まって以来の大事件です。

革販業者は「日本皮革統制㈱」を設立、配給業務を開始したが物資欠乏で営業にならず、多くの業者は徴用工として軍需工場で働くようになったのです。

太平洋戦争の終結と皮革産業の倒壊

1941（昭和16）年12月８日、わが国は日米交渉の打ち切りを通告、太平洋戦争に突入しました。皮革ならびに革製品の民需用は修理用の一部を除いて軍用に組み入れられ、そこで登場したのが「代用革」です。水産皮革と呼ばれるクジラ革、サメ革、あざらし革の他、犬や猫までが使用されました。日本靴工業組合連合会は民需用として、それら粗末な材料による「標準靴」を考案。全国の業者が細々とつくっていたのです。

一方、戦線の拡張に伴い現地調達ということから軍の要請によって上海やビルマ、シンガポール、マニラなどへ進出するケースもあり、内地の工場も本土空襲を避けて、地方へ疎開したので生産はとみに急落していきました。

因みに軍靴の生産資材である皮革の生産高は1941（昭和16）年の指数を100として、1942（昭和17）年は68、1943（昭和18）年は56、1944（昭和19）年は46と右下がりに落ちこんでいきます。

1945（昭和20）年にいたって戦局は悪化して、３月、５月に大空襲が相次いで労働力も革資材も欠乏し、業界の機能は完全に停止してしまったのです。そして原爆投下によって敗戦を迎え、やがて激しい変動が業界を翻弄《ほんろう》することになりました。

（㈶東京都同和事業促進協会『皮革産業を支える人々』1996年３月刊、「第３章 皮革産業の拠点　東京東部を見る」「第４章 歴史の中の革つくり」より）

大阪・渡辺村と皮革産業
近世から近代にかけて

中尾健次

●………はじめに

牛は、「鳴き声」以外すべて使えると言います。ヨーロッパでは同じことをブタに対して言うようです。ならばこれに、馬を加えてもいいでしょう。肉は食用になりますし、骨は肥料や工芸品として使われます。そして皮は、さまざまな衣料品や小物類に利用されてきました。

古くからわが国の皮革製品には、牛馬や鹿が主として使われてきました。牛馬や鹿が死んだり斃《たお》れたりすれば、即座に皮をはぎます。時間が経つと血が染みこんでいって、皮や肉の質が格段に落ちるからです。その作業は、時間との勝負です。皮の裏には皮下脂肪が付いていますが、なるだけ脂肪を残さないようにはいでいきます。はいだあと、腐敗を防止するため、大量に塩を振ります。これで当面の作業は一段落します。

はいだ皮には、毛がまだ付いていますが、この段階までの皮を「毛付の原皮」と呼んでいます。江戸時代には、この「毛付の原皮」を船積みして、集散地へ運びました。

次が毛を抜く工程（脱毛）で、古来、さまざまな方法が考案されています。

ヌカを水に溶いて塩を入れ、そこへ「毛付の原皮」を入れて、数日置いておく方法がありますが、これを「ヌカなめし」とも言います。また、水に濡らして天日でむらし、毛を抜く方法もあります。これを「ムロなめし」「発汗なめし」とも言います。

しかし、大量の皮を脱毛する方法として、川の水に「毛付の原皮」を漬け、水中のバクテリアの作用で毛を抜く方法が考案され、広く活用されました。この方法は、すでに10世紀初めの『延喜式』にも記されており、少なくとも平安時代までさかのぼることができます。この方法は川の水質に左右されますが、中世には猪名川（現在の兵庫県と大阪府の境界を流れる川）や市川（姫路市を流れる川）などが、最適な水質として評価されるようになっていきました。

皮には、水で濡らすと柔らかくなり、乾くと硬くなるという特性がありますので、それを利用して、「脱毛」を経た皮は、太鼓や武具・沓《くつ》・文箱などに利用されました。ただし、衣料品などの場合は、常に柔らかさが求められますので、次に行われるのが「鞣《なめ》し」と呼ばれる工程です。読んで字のとおり、「革を柔らかくする」と書きます。これも、歯でかんで柔らかくしたり、便所に漬けて柔らかくしたりなど、洋の東西を問わず、さまざまな方法がとられてきました。わが国では、塩と菜種油で揉《も》み込むという方法が広く採用され、その代表格が姫路の「白なめし」です。この「白なめし」でできた革は、江戸時代にはわが国だけではなく、広く海外にも知られるようになりました。この「なめし」の工程を経ることによって、その用途は格段に広がります。「なめす」前を「皮」、なめしたあとを「革」と記して、その性質を区別したりします。

こうした作業は、かつてはそれぞれの地域で個別に行われ、地元のさまざまな用途に応えていたようです。神社の太鼓が破れれば、すぐに牛の皮をはいで、張り替えたりしたのでしょう。まあ、奈良や京都などは、神社・仏閣がたくさんありますので、こうしたところに、需要と供給が集中するといったことはあったでしょうが……。

しかし、戦国時代になりますと、軍事物資としての皮革に注目が集まり、「天下統一」が進むにつれて、より広域の流通網が形成されることになっていきます。ここで重要な役割を担うことになるのが大阪の渡辺村でした。

1………渡辺村の沿革

渡辺村は、江戸時代における、西日本最大の皮革の集散地です。

それ以前の渡辺村については、くわしいことはわかりません。ただ、戦国時代の末には大川のほとり、「南渡辺」に居住していたことが確認されています。大川には「渡辺橋」という橋がかかっており、橋の北側を「北渡辺」、南側を「南渡辺」と呼びました。南渡辺には坐《ざ》摩《ま》神社《じんじゃ》（「いかすりの宮」とも言われた）があり、その後も渡辺村との関係が深いことから、渡辺村は、坐摩神社の神人として皮革のなめしなどに従事するキヨメ集団であったと推定されていますが、これも定かではありません。

1584（天正12）年、大坂城の築城に伴って移動を命ぜられ、坐摩神社とともに、現在の大阪市中央区本町あたりに移っています。そして、さらに1621（元和７）年ごろには、道頓堀の南（外堀の外側）の難波村領内に移されています。1619（元和５）年９月に大坂町奉行が設置され、渡辺村が、「役人村」として町奉行の下働きを務めたことが背景にあると考えていますが、これもはっきりしません。渡辺村が「和漢革問屋」の免許を与えられたのは、この前後のことです。渡辺村が元々やってきた生業を、大坂町奉行が追認したものと推定されていますが、いずれにせよ、この「和漢革問屋」の免許が、近世における渡辺村の経済的な位置を決定づけることになります。

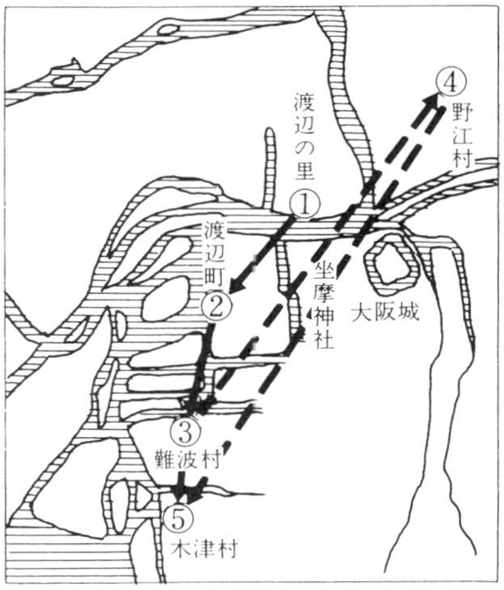

その後、1698（元禄11）年の河川工事で、渡辺村が御用地となり、またまた移動を命ぜられ、紆余曲折を経て、難波村より南に位置する木津村領内（現在の大阪市浪速区内）に移動が決定します。大きな町であったため、移動にも年月を要し、1701（元禄14）年から1706（宝永３）年にかけて、ようやく移住を完了しています。そして、この地を拠点に、近世中期には、西日本最大の皮革の集散地として発展していくのです。

2………皮革の集散地としての渡辺村

渡辺村の主たる生業は、皮革問屋と太鼓づくりです。この両者は、実は密接に関連しているのです。

渡辺村が大坂町奉行から「和漢革問屋」の免許を与えられたのは、1615～1624年（元和年間）のこととされています。免許を与えられたのは12軒の皮革問屋で、卜部豊次郎の「大坂皮革製造業」（盛田嘉徳『摂津役人村文書』所収）によれば、次の12軒でした。

岸部屋三右衛門	河内屋吉兵衛	大和屋四郎兵衛
明石屋助右衛門	備中屋吉左衛門	日向屋仁右衛門
住吉屋与宗兵衛	豊後屋太右衛門	淡路屋弥右衛門
讃岐屋治兵衛	大和屋弥四郎	池田屋七郎右衛門

このなかには、「河内屋」や「池田屋」のように、太鼓づくりでも知られた屋号が見えますが、のちに太鼓づくりの全国ブランドとなる「太鼓屋」は入っていません。したがって、この12軒は、あくまで革問屋としての免許が与えられたもので、太鼓づくりとは別であったことがわかります。

しかし、「太鼓づくりは皮づくり」と言われるように、キズのない、良質の皮を手に入れることは、太鼓づくりには絶対に欠かせません。したがって、渡辺村が皮革の集散地となるに至って、太鼓づくりも加速度的に発展していったといえるでしょう。

のちに太鼓職人のブランドとなる「太鼓屋」については、次のような言い伝えが残されています。1616（元和２）年、大坂城代の入城に際し、陣太鼓を新調することになり、当時、天才的太鼓職人と評された渡辺村の平八という人物が、その製作を命ぜられ、評判通りの太鼓をつくりました。その功により、「太鼓屋」の屋号を認められたというのです。この伝承が正しければ、「和漢革問屋」の免許と同じころに、すでに有能な太鼓職人がおり、渡辺村で活躍していたことになります。

それはともかく、渡辺村は、この「和漢革問屋」の免許によって長崎表への輸入皮の買い付けもはじまり、西日本一円にその流通網を広げていくことになるのですが、最大の皮革集散地となるまでには、さらに年月を要しました。

渡辺村の流通網が西日本全域に拡大するのは、大坂が「天下の台所」としての地位を確立するのと並行しています。江戸時代、九州・四国各地からの物資の輸送には、瀬戸内海航路が使われています。皮革も同様で、長州藩では、藩内で集められた「毛付の原皮」は、周防灘沿岸の港まで運ばれ、船で大坂まで運ばれました。福岡藩でも、陸路でまず若松港まで運ばれ、そこで船積みされて、下関・室津・多度津・明石を経て大坂へ運ばれています。

この航路は、17世紀の半ば、西まわり航路が利用され、全国の物資が大坂に集まるようになって、ますます重要になってきます。渡辺村が実質的に皮革の集散地となるのも、この17世紀半ば以降、本格化するには、渡辺村の居住地が確定する1706（宝永３）年以降のことでしょう。

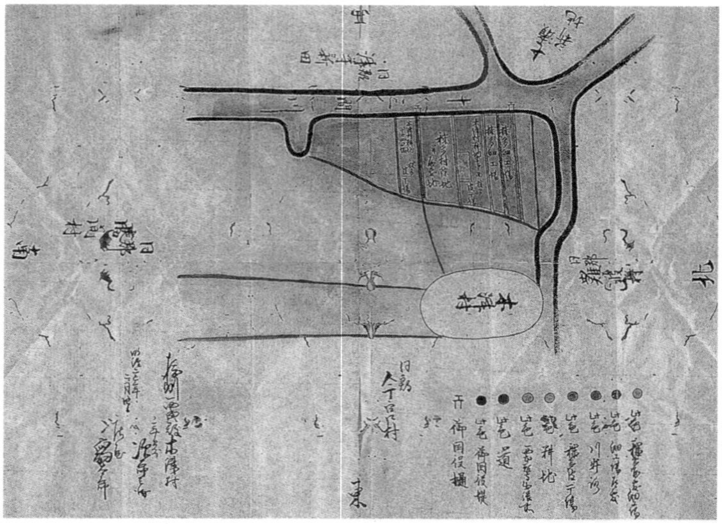

渡辺村の絵図　1869(明治２)年　渡辺村（現大阪市浪速区）を描いた絵図。居住地の北に皮細工場、南北に皮干場がある（大阪人権博物館蔵）

3………皮革産業の発展

雪踏の完成品

1842（天保13）年３月、大坂西町奉行阿部遠江守が作成を命じた資料に、「諸色取締方之儀ニ付奉伺候書付」というものがあります（『大阪市史』第５巻に収録）。さまざまな商品を取り締まるために、その商いの実態を調査させたものです。そのなかに「獣皮」に関する記事があり、「取り調べましたところ、これは五畿内ならびに西国（九州）、中国、山陰道筋より、牛馬皮を主として、その他さまざまな皮革が流通しており、平常エタ村が引き受ける牛馬皮の枚数は、１年間に10万枚余あります」といった内容が記されています。大坂市中で「エタ村」とされたのは、渡辺村だけですから、こうした史料に基づき、大坂の渡辺村に集まる皮革の枚数は10万枚と推定されています。事実、渡辺村には、肥後藩（現在の熊本県）・福岡藩・小倉藩（現在の北九州市）・長州藩（現在の山口県）・鳥取藩・広島藩・姫路藩・西条藩（愛媛県）・徳島藩など、西日本のほぼ全域から「原皮」が送られてきました。

その商いは、渡辺村の問屋が、各藩の「かわた」に代金を前渡しで貸し付け、その資金で各地の「かわた」が「原皮」を集め、大坂へ送るという方法でした。代金を前渡しして物資を集める方法は、いわば大坂商人の常道だったわけですが、前渡しされた側（各地の「かわた村」）は、資金繰りを心配しなくて済むものの、「原皮」が集まらなかったり、買い付けの値段が資金を上回ったりすると、借金だけが残るということも少なくありませんでした。

ともかく、こうして集められた「毛付の原皮」は、姫路の高木村へ運ばれます。ここで市川の水質を利用して「脱毛」され、この段階の皮が渡辺村へ送られ、太鼓や雪踏《せった》などに利用されます。そして、残りの皮が「なめし」の工程にまわされ、「なめし」を経て、さまざまな製品の素材として活用されることになります。

渡辺村に集められた10万枚の「原皮」のうち、どれほどの枚数が高木村で処理されたのでしょうか。くわしいことはわからないのですが、1912年に発行された『花田村誌』は、「高木村の製靼業《せいたんぎょう》」の項を設け、高木村での聞き取りを紹介していますが、そこには、「１か年の産額は最も多き年にて牛皮７万枚、少なき年といへども３万枚を下らず。（中略）平均１か年５万枚」と記されています（原文はカタカナ書き。林久良『日本皮革工芸史研究』に収録）。

「靼」とは「なめした革」を意味しますし、そのあとに、「姫路白なめし」の工程がくわしく記されていますので、近世以来の技法でなめされた皮革の枚数と推定されます。それが多い年で７万枚、少ない年で３万枚、平均５万枚というわけです。

こうした数字から見ても、渡辺村に集められた10万枚の「原皮」は、その大部分が高木村へ送られていたものと思われます。たとえば、あえて乱暴に整理するならば、10万枚のうちの３万枚が、「脱毛」を経て渡辺村へ送られ、太鼓や雪踏づくりなどに利用される、そして、残りの７万枚が「なめし」の工程を経たのち、これも渡辺村へ送られ、皮革製品の材料として全国に流通する、そういった流れがあったのではないでしょうか。いずれにせよ、くわしい実態は、今後の研究に待つしかありません。

高木村は、もともと市川の良質な水に恵まれ、中世以来の優れた技術をすでにもっていたわけですが、広大な流通網と大量の原皮集荷力を誇る渡辺村と結びつくことで、近世における皮革産業の、もう一方の中心地となっていきました。

ところで、渡辺村に集められた大量の皮革は、一方で太鼓づくりを繁栄させることにもつながっていきました。響きが良く、しかも長持ちする太鼓をつくるためには、キメが細かくキズのない良質の皮を見つけることが必要です。逆に言えば、多くの皮に当たれば当たるほど、質の良い皮を見つける可能性が高くなるわけです。

渡辺村の太鼓づくりの特徴は、いろんな口径の型に皮を張って準備しておき、注文に応じて皮を全国に出荷して、地元の職人が皮を張るという方法にあります。あらかじめ皮を準備して保存しておくことで皮が丈夫になり、しかも注文にすぐ対応できますし、全国に送ることができるというメリットもあります。これによって、渡辺村の太鼓は全国的に知られることになりました。その象徴的な存在が「太鼓屋又兵衛」です。

「太鼓屋又兵衛」は、最初、太鼓づくりに専念する職人だったようで、その名前は、1696（元禄９）年に張り替えられた太鼓の銘に見いだすことができます。その名前が全国的に知られるようになるのは、1776（安永５）年、奈良県の岩崎村（現在の奈良県御所市）から「太鼓屋」へ養子に迎えられた「又兵衛」からで、この人は、太鼓づくりだけでなく皮革の商いにも進出し、巨大な資産を築いていきました。

この「太鼓屋又兵衛」は、江戸の侍が1816（文化13）年に書いた『世事見聞録』という随筆に、「太鼓屋又兵衛という人物は、およそ70万両ほどの資産家」として紹介されています。金１両イコール米１石という公定相場でしたから、米の相場で換算すれば６万円、生活費で換算すれば20万円になります。70万両は、米の相場で換算すれば420億円、生活費で換算すれば1400億円となります。70万両という数字が正確かどうかわかりませんが、大変な資産家であったことは事実のようです。

この「太鼓屋又兵衛」に典型的に見られるように、渡辺村は、「太鼓・皮革の町」として全国に知られるようになっていきました。

ただ、こうした一大産業に注目し、その利益をねらう人びとも少なくありませんでした。渡辺村と高木村の関係についてはすでに紹介しましたが、これに注目したのが姫路藩です。

1824（文政７）年、姫路藩はまず高木村に藩の革会所を設置、1827（文政10）年には、なめし革１枚につき、高木村から銀１匁《もんめ》、渡辺村から銀５分の冥加《みょうが》金《きん》を取ることになりました。さらに、1839（天保10）年には、渡辺村からの請負仕事を停止し、姫路藩からの「原皮」も渡辺村へ送らないよう命じています。

こうして、渡辺村と高木村との関係は、いったんはとぎれてしまいます。渡辺村は、「なめし」を猪名川流域のムラに委託したり、新たな得意先を発掘したりして、ともかくもこの危機を乗り越えていきました。

＊

近代の皮革産業は、1871（明治４）年のいわゆる「解放令」以降、大きく変化します。「解放令」をきっかけに、大資本が皮革産業に乗り出してきたのです。渡辺村の皮革産業は大きな打撃を受け、しだいに後退を余儀なくされます。

また、ヨーロッパの技法であった石灰による脱毛とタンニンによるなめし（タンニンなめし）が導入され、さらにドイツで開発されアメリカで導入された、薬品による「クロムなめし」が移入されますと、「姫路白なめし」に代表される、わが国の伝統的な「革づくり」は壊滅的な打撃を受けることになりました。

環境破壊が社会問題となり、また「伝統の技」の再評価が問われる今、良質の革づくり・太鼓づくりをめざしたかつての「部落の技」にも、ぜひ注目していただきたいものです。

コラム……膠

膠《にかわ》は、鹿や牛などの骨、角、腱、腸を水で煮た液を型に流し込み、冬の寒気にさらし乾燥させてつくります。ゼラチン質で生皮の裏のニベと呼ばれる部分からもつくることができ、黄赤色の透きとおった色をしています。木工や馬具、鎧《よろい》の接着剤として、あるいは漆器の下地、墨、土壁の補強、呉服反物《たんもの》の艶だしなど多様な用途がありました。

610年の『日本書紀』に墨が中国から伝わったと記されていることからみると、かなり古くから膠（和《わ》膠《こう》)があったことがわかります。牛などから取るために、皮革業との関係が深かった前近代の播磨、摂津、大坂、大和などの部落でつくられていました。近代以降も、研磨布、サンドペーパー、マッチなどに使われ膠製造は飛躍的にのびました。膠は、冬場につくるのが適しているため、期間が12月から4月までと限られていました。

しかし、現在は石油化学の発展により化学製品の膠ができはじめ、和膠の製造は、だんだん少なくなってきています。今でも書道用の墨には、和膠が欠かせない物として使われているようです。古い甲冑《かっちゅう》などの修理には、和膠が最もよいとされているのです。

グラブづくりのふるさと

髙松秀憲

●………はじめに

野球用具はいろんなところで販売され、手にすることができます。しかし、子どもたちだけでなく、野球の大好きな大人たちであっても、グラブやミットなど必要とする用具が、まず「何でつくられているの？」「どのようにしてでき上がってくるの？」「どんなところでつくられているの？」ということに関心をもち、それを知ろうとする人はごくわずかです。

用具には販売メーカーははっきり表示されていても、つくった職人さんの名も姿も発見することはできませんし、職人の技に心を至らす人はほとんどいないのが実情でしょう。大リーガーとして成功したイチローの特製のグラブなどは、一人のグラブ職人が大阪市福島区で、丹精こめて自らの情熱と技のすべてをかけてつくっているといいます。職人こそ野球選手の「夢」を支えているのです。

今、市場に出回っているグラブなどは中国や台湾、フィリピン、タイなどのアジアでつくられた製品が多くを占めています。もちろん国産品も数多くあります。しかし、1970年代以降の野球用具は、関税自由化の波もあって、またアジア諸国の安い労働賃金と相俟《あいま》って、輸入品が国産品よりも価格的には安く、日本の市場を席《せっ》捲《けん》しています。

このことによって、国内の多くのグラブ職人は、長年培った熟練した技術とグラブづくりへの誇りを捨てざるをえなくなり、転職を余儀なくされてきました。

野球が大好きな子どもや大人たちが、グラブ・ミットを通して、野球用具の生産の背景にあるものは何か、また「夢を支える職人群像」に心を至らせることのできる営みが大事ではないかと思います。

1………グラブづくりのふるさと、三宅町K地区

①戦後の野球ブームのなかで

日本の野球熱の高まりは、第二次世界大戦後です。敗戦後、柔剣道など日本の伝統的スポーツが一時期占領軍から禁止されたことや、戦後のプロ野球再興の動きからです。その野球熱は1950年代後半には、あの長嶋茂雄の登場で一気に爆発的になります。

野球用具であるグラブ・ミットの国内での製造業者は戦後奈良県・大阪府・東京都の三地域に集中していま

した。特に奈良県はその中心地として、三宅町、河合町、桜井市が主産地となってきました。そして三宅町には、一時期全国の生産量の80％を占めるほどの隆盛を極めた「グラブづくりのふるさと」ともいうべきＫ地区があります。

②グラブづくりの始まり

三宅町のグラブづくりの歴史は、1921（大正10）年ごろに遡ります。Ｋ地区出身の坂下徳次郎さんが大阪でグラブづくりの技術を学び、Ｋ地区に持ち帰ったことが始まりです。

Ｋ地区の古老からの「聞き取り」では、次のような話があります。

> 坂下徳次郎さんが大阪の勘助町で甲革の裁断をなら（習）とった。そこへ水野（美津濃）が「グラブ」の皮の「見取り」持ち込んで、「こんなできへんか」言うて裁断頼んだ。裁断すると「これ縫うてみてくれへんか」言うんで職人に縫わしてみた。こうして「グラブ」でけたんや。それからムラへ持ち帰って、ムラの人もするようになった。それ以降「スポーツ用品」がムラの仕事になったんやな。そのころ製品卸してたんは「鹿印」の中村や。戦争中は「皮革の統制」が厳しく「軍靴」ばかりつくらされた。

坂下さんが、靴工場で甲革裁断の仕事をするなかでグラブと出合います。ムラに帰った坂下さんは自ら裁断を、弟の直次さんがミシンがけにと兄弟の連携プレーにより、グラブ生産が始まり、数軒でグラブ生産に取り組まれることとなります。

Ｋ地区には現在も「Ｋ地区野球用グラブ・ミット及びスパイクシューズ製造技術導入者の記念碑」が建っています。

③Ｋ地区と皮革産業

Ｋ地区とグラブなど皮革産業のかかわりには、Ｋ地区がもつ歴史的社会的背景があります。つまり、戦国時代以前に被差別民衆としての村落形成がなされ、今日まで被差別部落として差別と疎外を受け、それを跳ね返すための解放運動を軸にした自立・解放を目指すムラの歴史との関連です。被差別部落のなかで、江戸期における「死牛馬の処理」（草場権）をもつムラでは、少なからず皮革を扱う仕事が生業となっている歴史的経過があります。Ｋ地区の場合も、江戸期から大正期までの経緯は歴史的に解明されていませんが、ご多分に漏れずというところでしょう。

江戸期のＫ地区は米づくりを中心とする農業および「牢役」「死牛馬の処理」「草履づくり」などの生業がムラの暮らしを支えてきました。明治期には田畑はあるものの周辺農村と比較し、３分の１以下のわずかな耕作地をもつにとどまり、多くは「雑業」といわれる職種に限定されることになります。差別の表れとしてです。

そうしたなかにあって、大正期の後半、Ｋ地区にグラブ生産技術が持ち込こまれたことは、ムラの仕事と暮らしに少なからず影響を与えました。

④戦後のグラブづくり

もともとＫ地区では、革製運動靴の仕事も取り組まれていました。部落差別による職業選択の自由が奪われ、ほとんどの企業が部落出身者に門戸を開いていないなか、Ｋ地区住民の仕事や暮らしは厳しいものがありました。子どもたちも小学校時代から、学校から帰ると家の仕事の手伝いをします。靴・グラブなど製造の労働力としての仕事分担が待っていました。また学校から完全に置き去りにされていました。そのこともあって、1950（昭和25）年前後には長欠不就学は８割を数えています。

その後、1952（昭和27）年ごろから靴およびグラブ生産の労働力に変化がおきることになります。これらムラの仕事に一定の注文が来るようになるにつれ、ほかの被差別部落からＫ地区に働きにくる人たちが増加してきました。それにともない先の長欠率も50％を切るようになります。小中学生の仕事であったことが、他地区からの人びとに労働力が切り替わっていったのです。

そして、1957（昭和32）年を出発とするグラブ・ミットの対米輸出の本格化にともない、Ｋ地区の住民の多くがグラブ産業に携わることになります。輸出用グラブ生産最盛期には運動靴生産も含め、Ｋ地区住民の９割以上が皮革産業を生活基盤としたのです。

ムラにおけるグラブ・ミット製造のシステムは、親方と職人の関係性で成り立ってきました。受注を受けた親方（業者）が、グラブ職人をときには借家に住まわせ、生活全般までつながりをもつ関係でした。1969（昭和44）年ごろには最盛期で、戦後のムラの労働力の一員となっていた子どもたちは、この時期職人層の子どもたちもほぼ全員高校進学を果たすほどに、経済的にはもち直し、生活基盤が成り立っていたのです。

⑤Ｍさんの話

全国のグラブ・ミット生産の多くを担ってきたＫ地区では、生産最盛期には県内はもとより全国から職人をめざして、多くの人たちが集まることとなりました。ここで問題は、住宅事情がより劣悪になっていくことでした。

当時のＫ地区でのグラブづくりに携わるＭさんからの「聞き取り」があります。

私は16歳のときこのＫ地区に来ました。しばらくしてここで結婚し、子どもも生まれました。

夫は小学校６年のときからグラブをつくってきた職人です。夫がミシンぬいをして、私が下手間をしました。月１回仕事を休むだけで、毎日働き続けました。明け方の４時ごろまで仕事をして、そして朝の８時には起き出してまた働く毎日でした。

村のなかで家を借りて住んでいましたが、台所と一間が私たちの家で、仕事場がそのまま家でした。ミシンが動いている間は、手を止めることができず、赤ん坊にミルクをやる間もありません。私の妹に世話をしてもらっていました。家のなかは、皮ぼこりがいっぱいで、気管を悪くしたこともありました。忙しくてかまってやれず、かわいそうでした。

そのころＫ地区には、グラブの仕事で、日本中からたくさんの人がやってきました。はじめてＫ地区に来た人たちは、住むところを見つけなければなりません。そこで親方の家の間借りしたり、親方が建てた借家に入ったりしました。家といっても、一つの部屋に家族みんなが寝ているのがふつうでした。

また、輸出が増えるまではグラブの仕事が一年中あるわけでなく、半年はほかの仕事で 、その仕事もあったりなかったりでした。ですから、職人さんたちは、仕事のない期間の生活費を親方から借りなければなりませんでした。だから少しでももうけを多くしたいと思っていました。でも、「あ（そ）この親方の方が手間賃ええで」と教えてもらっても、親方を変わると家も変わらなければなりません。「あの親方とこは一年中仕事あるで」と聞いても、なかなか変わることはできませんでした。

Mさんの「語り」の内実は、その後、K地区の住宅要求・教育保障要求、仕事保障をはじめとする生活基盤の確立をめざした運動へと発展するのです。

⑥K地区のグラブ産業の推移

K地区での生産が全国シェア80%を占めた背景にはさまざまな理由があります。その一つは国内の需要もさることながら、既述した対米輸出開始があります。玩具用グラブがアメリカから発注されたのを契機に、次第と輸出が本格化し、最盛期には年間580万個のグラブ・ミットの輸出と飛躍的に伸びていくのです。K地区ではもともと細々と国内向け生産に従事していましたが、年内の稼働状況には繁閑の大きな波がありました。しかし輸出向けを生産することで、年間通じての生産が可能となりました。

二つには、グラブなどの注文が増えるに従い、K地区住民をはじめ、県内の被差別部落や全国から多くの青年が見習い職人としてK地区にやって来て、労働力が飛躍的に伸びたということ。三つには、そのなかで多くの職人が生まれ、自らの研鑽を通して技術を高め、技と誇りをもって長時間労働に取り組んだということです。

しかし、1971年と1973年のドル・ショック、1974年のオイル・ショック以降、生産量の大きな位置を占めていた対米輸出が激減し、安価な韓国・台湾製がアメリカ輸出の本流となり、K地区のグラブ産業は崩壊的危機に直面します。ここで多くの職人やグラブ産業に携わる人びとの生活基盤が大きく揺らぐこととなります。

⑦何ゆえグラブ・ミット生産だったのか

グラブ・ミット、運動靴生産が何ゆえK地区を始めとする被差別部落の仕事として定着したのでしょうか。その一つは、部落差別の結果、半ば失業状態に置かれていたムラの労働の現実と仕事を求める切実な願いがあったこと、二つにはこれらの生産は、機械化が困難なため、大資本が進出できず、低廉な労働力に依存せざるを得ない状況であったこと。三つには、グラブ・ミットのような労働集約型産業は、今日までの素材で、手の指5本付けたものをつくる限り、これ以上合理化できません。たとえ、工場制でやったとしても、そう能率はあがりません。そうすれば被差別部落における共同体的生活と労働の結合のなかでこそ可能であったということ、などが考えられます。

この仕組みは、その後とって替わる台湾・韓国そして中国でも同様です。韓国・台湾などに移行する背景は、やはり労働賃金の差による製品価格の大きな落差にありました。例えば韓国でグラブ・ミットの生産に従事していたのは、かつて日本の被差別部落の人びとが義務教育を放棄して見習いに入り、「1日100円もらえる」とそこに集中していった構造と同じでした。韓国でも小学校卒業間もない子どもたちが、1日100円、200円稼ぐために働きます。グラブ進出企業は最初は大都市周辺にあっても、工賃が上がるにつれ、徐々に山間部や田舎《いなか》に移っていきます。安い労働力を求めて動いていくのです。

過去グラブ・ミットはアメリカの黒人やプエルトリコ人によってつくられていました。そして日本の被差別部落の産業と定着していく過程で、アメリカでの生産は途絶えていくのです。

このように見てくると、グラブ・ミットの生産は、被差別部落の暮らしと労働、言い換えれば部落差別との関連のなかでこそ、成り立ってきたともいえます。そして、さまざまな国々でもグラブ・ミット生産は、その社会の差別構造がその背景にあると考えられます。

しかし、「グラブづくりのふるさと」には、そのなかで培われてきた差別に抗《あらが》って生きる生き方や、職人としての自らの技に対する誇り、ムラに息づく生活共同体としての人のつながりやぬくもりは、枯れずに脈々と流れてきているのです。

2………グラブづくりと職人

「世界に一つだけのグラブ」――職人の技と誇り

野球用のグラブは７種類あります。ピッチャーをはじめ各内野ポジション、そして外野手用です。一つのグラブをつくるには30のパーツが必要です。

グラブの工程は、次頁の通りです。10の作業を手づくりで行うグラブづくりは、一つひとつが「世界にたった一つのグラブ」となります。

グラブづくりの職人として一人前になるには、３年から５年かかるといわれています。最も難しいのは、革の裁断およびミシンがけです。

牛の革を裁断するには、規格品は金型と機械で、注文品は包丁で革を裁断します。その裁断の技術を学ぶなかで、約１年間包丁を砥ぐ修業をしてきた職人も数少なくありません。裁断は「革との対話」です。“牛革にキズはないか”“革の伸びる方向はどうか”自らの手の感触で革と対話しながら判断をします。機械での裁断はそれを寸時に判断して、裁断機のペダルを踏むのです。手づくり裁断は型紙通りに寸分のくるいのないように包丁を使いこなします。

> Ｍ社やＺ社から、革が送られてくるけど、その革から取れるグラブの個数を計算の上でタグ（メーカーマーク）が送られてくるんやな。失敗は許されへん。革を目一杯隙間なく使ってパーツの分も確保する。これは注文受けてる以上厳しい仕事やけど、それをやりこなすのが職人やな。

Ｋ地区の自前ブランドで生産する職人も、自分で購入した革でどれだけの数のグラブをつくれるかが、勝負であり、職人の技の見せ所です。

「ミシンがけ」も職人技となります。グラブの胴や指のミシンかけは、革のクセと伸びる方向を見抜いて縫います。指の股のミシンがけが最も難しい。縫い線があるわけでなく、グラブの形をすっかり頭に入れ、わずかの曲がりもイメージしつつ、縫うスピードの強弱をつけてミシンを進めるのです。裏返したときの姿を、縫いあがりをからだ丸ごとで感じる仕事ぶりです。

「紐通し」にも年季がいります。紐通しで使い心地が決まります。締め具合で形も変わるし、崩れ方も変わります。「仕上げ」前のグラブには、手を差し入れても引っかかりがあります。仕上げ後のグラブは手に馴染み、納まるのです。何度も何度も自分の拳《こぶし》で「ポン・ポン・ポン」と形を整えます。その職人の手の甲は厚く、「形ができれば、それでグラブではない。最後は拳でグラブに魂を入れるんだ」という職人の思い入れがあります。

このように、グラブ職人さんたちの技は、革に命を吹き込む情熱をともなって、「世界に一つだけのグラブ」

となるのです。それがまた大きな誇りとなっています。

K地区では、かつてのプロ野球の名選手、巨人の王や阪神の田淵のグラブ・ミットをはじめ、多くの選手の細かな注文をうけ、製品をつくってきた歩みがあります。選手の名前と番号を刺繍でいれたグラブ・ミットには愛着があり、その技への誇りがあります。試合で選手がエラーをしたとき、自分のグラブに改善点があるのでは、と心を至らす職人の魂があります。

こんな逸話があります。

ミットづくり職人から、西武ライオンズの伊東捕手（現西武監督）モデルのミットをもらった小学生が、それを機に野球が大好きになり、伊東選手に憧れて中学校で野球部に入り、熱心に野球に取り組みました。一つ

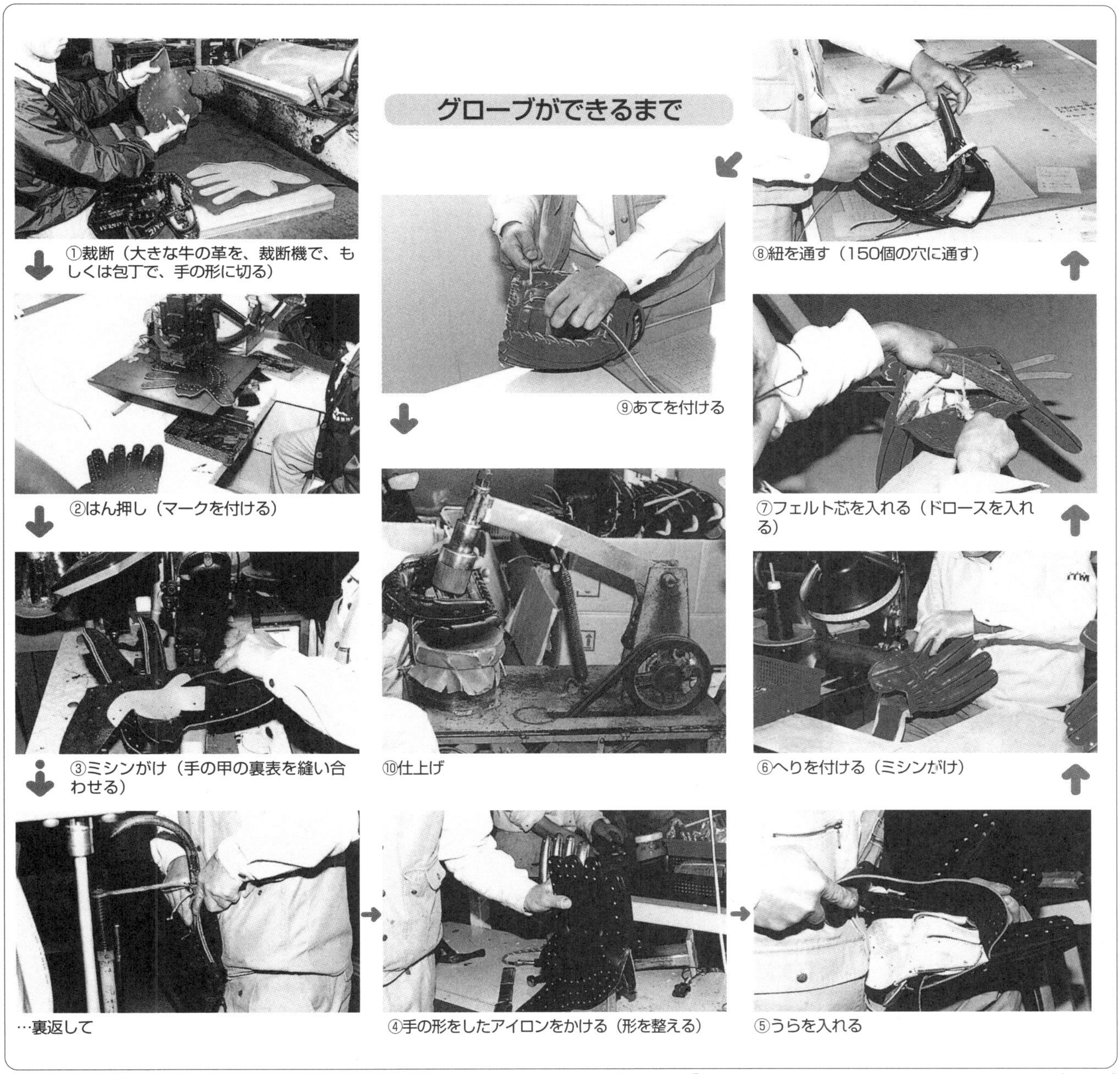

①裁断（大きな牛の革を、裁断機で、もしくは包丁で、手の形に切る）
②はん押し（マークを付ける）
③ミシンがけ（手の甲の裏表を縫い合わせる）
…裏返して
④手の形をしたアイロンをかける（形を整える）
⑤うらを入れる
⑥へりを付ける（ミシンがけ）
⑦フェルト芯を入れる（ドロースを入れる）
⑧紐を通す（150個の穴に通す）
⑨あてを付ける
⑩仕上げ

（三宅町役場産業経済課『GLOVE&MITT　三宅町のグローブ・ミット』より）

のミットが彼の夢を育んだのです。その後、ミットをくれた職人さんへお礼の手紙を書きました。手紙を受け取った職人さんの喜びは大きかったそうです。

> 多くの場合、自分のつくったミットを誰が使っているかということはわからない。製品としてつくれば、自分の手を離れる。でも自分がつくったミットは見ればおおよそわかる。ミットを手にした子どもや大人が、どんな顔をして、どんな思いで使っているか、知りたいですな。

このように言う職人さんの思いにたどりつける「グラブ・ミット」をテコにした皮革産業の学びが重要ではないでしょうか。

Ⅳ

皮革の仕事と技術

証言◎皮革職人

三味線皮

當山嘉晴

小学校２、３年生のころ、競馬の騎手になりたくて家出して、長岡（現在の京都府長岡京市）にあった競馬場に見習いで入った。そやけど、朝早くから馬の世話ばかりで、いつまでたっても馬に乗せてくれへんので、１週間で逃げ出して線路を歩いて家に帰った。14歳のとき大阪に出て、西浜（現在の大阪市浪速区）の藤井靴屋で靴を配達する仕事に就いた。

ある日、ひょんなことから自分が新聞に載った。馬力（馬に荷車を引かせて運ぶ）の馬と荷車が離れて馬が驚いて坂道を降りて来た。店の前にいた私は、とっさに馬に跨《また》がった。鞍《くら》も手綱《たづな》もない裸馬同然の馬のテンジョウ（頭格）をつかんでぐいっとひっぱったら止まった。ちょうど今の大阪人権博物館の近くで、当時は電車道やった。警察が来てほめてくれて署長から50銭もろうた。それが「昭和の曲垣平九郎《まがきへいくろう》」という記事になって新聞に掲載された。京都の親は「息子が新聞にでている」と知らされて、息子が悪いことでもしでかしたんかと思い、家に隠れて新聞を見ようともしなかったと聞かされた。親も、私がやんちゃなもんやから、心配したんやろう。それから馬力引きなどをして、竹口組に入った。当時、犬の「狂犬病」が恐ろしいということで、「狂犬病予防法」という法律があって地方自治体が野犬を捕ることになっとったが、実際のところ民間にまかされていた。そこで竹口組が野犬の捕獲をしとった。50人ぐらいの若い衆がおった。私は、捕ってきた野犬をわって（皮をとって）三味線皮にする仕事をしていた。朝７時から11時ごろまで、神戸や和歌山方面まで野犬を捕りに行って戻って来る。それから、わって皮を鞣《なめ》した。

原爆が広島に落とされた１年後には、広島市内に工場を借りて、職人を送り込んで、皮を剥《は》いでいた。長崎、山口県の小郡あたりに犬、猫の買い付けにも行った。７～８年続けたがやめた。

22、3歳のとき、浅居右左衛門という人が西浜にやって来た。この人は三味線皮をつくる名人で、手も早く、きれいな仕事をしとった。竹口組の若い衆だった私に仕事を教えてくれた。浅居さんは、高知県に猫と犬を捕りに行って、自転車で坂道を下っていたときに死んでしもうた。酒好きやったから飲んでたらしい。この人がいなかったら、今の私はない。

犬の捕獲は戦前からやっていて、野良猫の捕獲は戦後になってはじめたと思う。だから、両方するのは戦後になってから。野良猫の捕獲は、いろんなとこから、よう頼まれた。伊豆大島の初島で、ネズミが増え過ぎて困っているというので猫を放したら、今度は猫が増え過ぎて困っているので猫を捕ってほしいと頼まれて、1972年に初島へ行った。島の人にえらく感謝されて、『アサヒグラフ』（1972年６月23日号）にも載った。このときの捕獲の様子は、『アサヒグラフ』のカメラマンやらが付きっきりで取材していた。国立大阪病院にも猫の捕獲を頼まれた。食物が多いので野良猫が集まってくるので、入院している人が眠れなくて難儀している、ということやった。そのたびに感謝状をもろた。私は他人さんに迷惑かけてない思うてる。

最近は、とくに津軽三味線などの太棹《ふとざお》三味線用の皮（犬皮）をつくる仕事をしてる。それと、猫皮を原皮にする仕事。三味線皮をつくるのはきつい仕事や。このままやと後継者がいなくなると思い、極力、機械を入れて楽に仕事ができるようにすることを考えた。「ヌタとり」も今は機械になったし、太鼓も銑《せん》もステンレス製にした。それに小さな道具は、私が考えて鉄工所の職人の友達につくってもらう。皮は天日に干して乾燥させ、皮張り板に釘で皮を引っ張って金づちで打つ。外して手を打ったりすることもあるんで、皮を張る道具をつくった。かんなもステンレス製でつくった。三味線皮を張る機械を考案して、これは売り物になってる。

三味線皮をつくる職人は、ほとんどおらんようになった。「妙音会」というわたしら皮屋の組合も４軒だけになった。皮を張る職人、棹屋《さおや》など三味線屋はたくさんあるけど、それは別の組合。それだけに何とか少しでも楽に仕事ができるように思うて。幸い息子が跡を引き継いでくれた。それでも、最後の皮を張るのは女房と私の仕事。息子もできるやろうけど、まだ手を出さへん。

（大阪人権博物館編・発行『皮　今を生きる技』1999年より）

証言◎皮革職人

鹿革

西峠正義

小学校卒業のときから名古屋の桐木問屋、京都の酢製造会社などで奉公していた。15歳のとき、東京の松金商店という革屋の番頭で、独立する予定の柿沼貞治という人の弟子になった。柿沼さんはセーム革製造の技術を知っているので、奉公したら教えてもらえると思っていたが、本人は病気で仕事ができる状態ではなく、鹿《しか》革《がわ》の製造方法も知らなかった。でも、東京にいる間、分業化されている鹿革の鞣《なめ》しから染革までの工程を学ぶことができた。そして１年半で帰郷した。

なんとかセーム革をつくりあげたいと思い、試みたが失敗ばかりだった。ある日、鹿皮に魚油を塗って干したまま父と畑に行ってしまった。家に残った母が雲行きがあやしくなってきたので、干してあった鹿皮を小屋の隅に積んでおいてくれた。それがよかったようで、積んであった鹿皮は、魚油の発酵でセーム革になっていた。1928（昭和３）年のことだった。それからセーム革の委託加工をしていた。

1938（昭和13）年ごろから皮革の統制が厳しくなり、個人の製造、販売が禁止され、1940（昭和15）年に関西の鹿革業者が企業合併されて東亜皮革ができた。私も東亜皮革に勤めていたが、芦原橋（大阪市浪速区）で袋物の店をしていたので、東亜皮革はすぐにやめて店の仕事に専念した。1943（昭和18）年に召集されて中国に行った。捕虜になってシベリアに抑留され、1947（昭和22）年にやっと帰国した。それから３年間、闘病生活を送った。

1951（昭和26）年、郷里で本格的にセーム革の製造に着手した。セーム革というのは、眼鏡や車体を拭くのに珍重がられてよく売れた。1952（昭和27）年に、東京の渡辺鉄工所と共同で「おろし」の機械を研究して完成させた。銑《せん》でおろすと１日に18枚の皮しかおろせないが、開発した機械では１日600枚もおろすことができるようになった。1959（昭和34）年に伊勢湾台風で工場が全部流され、翌年、現在の工場を建てた。1960（昭和35）年から63年にかけて、工場を現在の大きさにした。月に10万枚売れたこともあった。

1970（昭和45）年に社長業は息子に譲って、念願だった漆染革の仕事に本格的に取り組んだ。漆を使うので、肌がかぶれる大変な仕事。かぶれて熱が出る人もいる。私はそんなにひどくならずにすんだが、今でも体調が悪いとかぶれたりする。こんな仕事だから若い人はやらんでしょう。爪型菖蒲革、小桜、正平革など昔の染革に挑戦してきた。

30年前、染織家の故吉岡常雄さんが『傳統の色』という日本の染めを網羅するような本を出版された。吉岡さんは友禅染めの職人をしていて、大学教授になった人で、私も鹿の燻《いぶ》し革の松と藁《わら》の燻しのサンプルをつくって渡した。いい仕事ができたと今でも思っている。自分で染めた革を応接間とギャラリーに貼りはじめたのは10年前だった。いまだにギャラリーはでき上がらないが、ここで染革を見ながら人と話するのが夢でね。

最近は〈ロベルタ〉に頼まれたり、〈コシノジュンコ〉のブランド品を染めたりしているけど、今でも気に入った仕事しか請けない。これからもいい仕事がしたい。伝統的な鹿革の脳しょう鞣しは、30年前まではみんなしていたが、今はもうできる人がいなくなってきた。私は年をとり過ぎてできないけど、だれかやる人がいれば教えたいと思う。

（大阪人権博物館編・発行『皮　今を生きる技』1999年より）

解説◎皮の鞣し

近代の牛馬革鞣し技術

林 久良

1………クロム鞣し

クロム鞣《なめ》しは、タンニン鞣しとくらべ鞣し期間が短く、経済性に優れている。現在最も広く行われている鞣し方法で、クロム塩で鞣すため青色の革となる。その後、染色、塗装という工程をへて美しい革となる。

クロム鞣しの最初は、二溶法であった。準備作業をへた皮を塩酸と水と重クロム酸加里に侵漬し充分浸透してから取り出し、その後、一夜間、馬かけをして皮の内部に浸透させる。こうして塩基性塩化クロムの皮となる。この皮をチオ硫酸ソーダと塩酸と水の液の中で反応させると塩基性塩化クロムは、塩基性硫酸クロムに還元して鞣皮性のあるクロム酸が皮の中で形成される。このことにより皮が革となる（鈴木京平『最新製革法』）。それぞれの工程での反応・液の割合が不十分だと革にならない。東京工業高等学校応用化学科の教授であった豊丸勝二は山陽皮革の技師長として、この二溶法の確立をめざしたが、複雑な管理を要するため、なかなか数値化ができず悩んで自殺したといわれている。豊丸勝二は、当時の鞣し技術では日本の第一人者といわれている（武本力『日本の皮革』）。

1930年代になると二溶法から一溶法へ変わった。一溶法は、二溶法とくらべると管理が簡単であった。重クロム酸加里と硫酸を用い、液が終始沸騰を持続するように還元のグリコースを入れて還元液をつくる。重クロム酸ソーダが還元して三価クロームとなる。この還元液につけると皮は革となり青色となる。この液をつくるときの薬品の量、タイコに入れるときの量、タイコの１分間における回転数の数値化が試行錯誤をへて形成されていった。つまり技術の習得と蓄積がなければ数値化ができない。また、戦前の日本では優秀な薬品の入手が困難だったので還元液を作るのに色々と創意工夫がなされた。戦後は、薬品の質が向上しクロムパウダーが販売されたのでクロム鞣しは、容易にできだした。しかし、よりすばらしい革を仕上げようとすれば奥が深い。

皮はなま物であり、皮１枚１枚それぞれ違っている。それを革にしていくわけである。クロム鞣し技術に従事している若い技術者のなかには、イギリス、フランス、ドイツ、イタリアの皮革技術専門学校で基礎技術を習得し、日本の工場では日々実践・応用し、すばらしい技術力をつけている。薬品調合し化学反応にたいする数値化は、なかなかむずかしい。現在の原皮と昔の原皮とを比較すると皮の繊維が異なる。今の牛の繊維は弱く、昔のものは強い。それは飼料の違いによる。このように繊維が弱いと鞣し技術が昔とことなるわけである。ここに技術が生きるわけである。クロム鞣し革は、燃えると六価クロムになる。また排水に硫化ソーダ・クロムが含まれるということでクロム鞣し自体が大きな転換期にさしかかっている。地球に優しい鞣し技術（排水処理技術）が求められる今日である。

2………タンニン鞣し

明治時代になると西洋式製革法であるタンニン鞣しが日本に導入された。江戸時代とまったくことなる鞣し工程なので、外国人の技術指導者のもと日夜、鞣しに励んだ。石灰漬——石灰の力で脱毛するわけであるが技術蓄積・情報量が少ないのでしばしば失敗した。大阪・西浜の製革業者は、Ａ級の原皮は確実に美しく脱毛ができる姫路の高木で脱毛工程を実施した。Ｃ級の原皮は大阪で石灰漬けにしていた（卜部豊次郎『大阪西浜町の沿革と産業』）。このようにして石灰漬けの原理を習得したのである。

次に問題となったのが、タンニンを槽につけ、鞣すということであった。槽は酒の桶を使用した。一番困ったことは、タンニンの液の入手であった。タンニン液が輸入されるまでは山に入って渋木を取ってきて、水につけ渋水をつくった。これがタンニン液である。また、鉄道の枕木として使った栗の木片がよく使われた。この渋木の木片と渋木——タンニンで皮を鞣した。しかし、タンニン濃度が低いので十分なタンニン鞣しができなかった。また時間が半年、１年と長期にわたった。

皮を槽に漬けタンニンを浸透させるのであるが、初期は酒の桶を使い、タンニン液を手で洗ったりもんだりして浸透させた（『和歌山県皮革産業史』）。桶のなかで人間の足で皮をもんでタンニンを浸透させようとした。こうした状況で仕上がってくる革は、しばしば革が折れたりした。また日数がたつと縮んだりした。当時、輸入物のタンニン革と比較すると品質の差は、誰がみてもはっきりとしていた。色、風合い、硬さ、外国製と同様の製品ができるまでには数十年間の技術蓄積と経験が必要であった。タンニン鞣しは、簡単であると言えば簡単であるが非常にむずかしい。表面はやわらかく中心部分は硬い底革の生産は、できそうでなかなかできないのである。

技術の向上をはかるため外国へ留学したり、洋書を読んだり、日本の製革学の本を読んでタンニン鞣し工程を勉強した。また、大学卒業の技術者が工場の現場で技術指導をしていた。こうして鞣しに関する情報・技術が蓄積し向上していった。勘で鞣しをしているのではなく多くの情報から知識を得てよりよい鞣しに邁進している。戦前の主流はタンニン鞣しであったが、現在タンニン槽を使ってタンニン鞣しをしている製革業者は、非常に少ない。それは、クロム鞣しと比べると手間と時間がかかるからである。

革らしき革から言えばタンニン鞣しかもしれない。また、公害問題から言えば、タンニンは分解できるから地球に優しい鞣し工程である。自然の力で鞣した革には、銀面に肌の潤いと光沢がある。

（大阪人権博物館編・発行『皮 今を生きる技』1999年より）

解説◎皮の鞣し

鹿韋の技術と歴史

永瀬康博

1………技術

鹿韋《しかがわ》は牛革・馬革と比較するとより一層柔軟な韋である。それは鹿皮がもともと牛皮・馬皮よりも柔らかいという皮本来の性質に加えて、動物性油脂である腐熟した脳を加脂剤として用いることによる。なお、鹿韋の「韋」は「革」のことである。脳は腐熟して脳漿《のうしょう》と成っているから当然ながら強い臭《にお》いがし、韋製品になってもこの臭いがついてまわるので、鹿韋の臭いは当たり前であった。ところが昭和になると製造工程に変化が起こった。業者は製造日程の多くを占める乾燥日数の短縮をはかるため、ホルマリンを使用するようになった。次いで昭和30年代になるとこの臭いが韋製品の使用者に嫌われるようになり、業者は脳漿の替わりに魚油を用いるようになり、その結果脳漿鞣《なめ》しが終焉《しゅうえん》した。

鹿皮鞣しの特徴は３点ある。第１は、鹿原皮の毛刈りが丁寧に行われて毛が友禅刷毛《はけ》に利用されているのである。第２は、牛革・馬革は緻密で美しい銀面（皮膚層）を利用するのに対して、鹿韋は銀面を削りとるのである。これは鹿皮が本来もっている性質である銀面がめくれやすいということに起因している。第３は、脳漿鞣しがかつて行われていたことである。現在は魚油に変わっているが、動物性の油を加脂剤として使用することである。牛革である姫路の白鞣しが植物油を使用しているのとは相違している。

以上が一次加工工程の特徴であるが、次に二次加工が行われる。最初に行われるのが銀面部分である表面を焼いたコテを当ててこがし、そのあとを軽石（現在はグラインダー）でこすり表面を整えるのである。この後に煙による色付け、あるいは染料による染色、あるいは顔料による色彩が行われて色鮮やかな韋に仕上げられるのである。そしてこれらの技術を応用して印伝が行われるのである。

2………歴史

鹿韋の歴史は古代に遡る。もともと日本には鹿毛皮を造る技術があった。ところが律令国家の整備のなかで、新羅・百済から新しい鹿韋の技術がもたらされた。それは脳漿鞣しを行い、熏・染色・彩色をするという既に完成した技術の到来であった。しかも短期間で各地にこの技術は広まったのである。最初この技術は大蔵省の所管であったが、後に内蔵寮に所管替えが行われて、以後皮革を管轄するという概念だけは中世末期まで残った。もう一つ、腐熟した脳は古代において、租税として納められていた。しかしまもなく租税品目から抜け落ちてしまったのである。ところが腐熟した脳は必要であり、文献の上ではわからなくなっているが、斃《へい》牛《ぎゅう》馬《ば》の処理の中には脳の摘出も含まれており、古代末期の牛黄《ごおう》を摘出できた河原人の解体技術は、脳漿鞣しの技術伝承を考える上で大きな位置を占めている。

中世になると、各地域に様々な形態で技術者が登場してくる。安芸国では荘園の中で地方役人と同じように白皮造・皮染が職田をもち、伊予国では様々な職種の中の一つに白革造が免田を持ち、あるいは山城国では石清水八幡神社の中で皮染座を結成していたのである。このような状況の中で連尺商人を介して皮革は広く流通していた。ところが中世末期の戦国大名は、広域に流通する皮革を自国の限られた地域にしか流通できないように皮革統制管理を打ち出すのである。今川氏の例では、かわたから皮作へと称号を変更させ、土地を与える代わりに皮革の強制供出に応じさせるというように、この時期は領主権力の支配を直接に強く受けたのである。

近世になると、鹿韋の需要が皮足袋の急速な普及によって軍需から民需へと劇的に変化した。毎年東南アジアから数万から数十万枚の鹿原皮が輸入されていた。ところが近世中期の享保になると、輸入が閉ざされて需給バランスが大きく崩れ、従来のかわたと石清水八幡下地白革職の者との競合関係が軋轢《あつれき》へと変化し、京都と江戸で訴訟沙汰《ざた》が相次いでおこるのである。最初は中世的権威を持つ白革職の者が勝ち、後に白革職の者は敗訴し京都・大坂の地域限定的な権利となったのである。地域限定的な権利は近世後期へとひきつがれていった。

（大阪人権博物館編・発行『皮　今を生きる技』1999年より）

参考文献

・『新・靴の商品知識』改訂19版　エフワークス㈱　2004年
・中尾健次『部落史50話』解放出版社　2003年
・「浪速部落の歴史」編纂委員会『太鼓・皮革の町 浪速部落の300年』「浪速部落の歴史」編纂委員会　2002年
・寺木伸明『部落の歴史 前近代』部落解放・人権研究所　2002年
・寺木伸明『近世身分と被差別民の諸相〈部落史の見直し〉の途上から』解放出版社　2000年
・部落解放・人権研究所『続・部落史の再発見』部落解放・人権研究所　1999年
・「荒川部落史」調査会『荒川の部落史 まち、くらし、しごと』現代企画室　1999年
・稲垣有一・寺木伸明・中尾健次『部落史をどう教えるか 第２版』（増補改訂版）解放出版社　1999年
・大阪人権博物館『皮 今を生きる技』大阪人権博物館　1999年
・三宅都子『食肉・皮革・太鼓の授業 人権教育の内容と方法』解放出版社　1998年
・三宅都子・太田順一『太鼓職人』解放出版社　1997年
・埼玉県同和教育歴史教材編集委員会『埼玉の部落 歴史と生活』埼玉県同和教育歴史教材編集委員会　1997年
・「浪速部落の歴史」編纂委員会『渡辺・西浜・浪速浪速部落の歴史』「浪速部落の歴史」編纂委員会　1997年
・全国部落史研究交流会『部落史における東西 食肉と皮革』全国部落史研究交流会　1996年
・㈶東京都同和事業促進協会『皮革産業を支える人々 目でみる東京の皮革産業』1996年
・㈶遺芳文化財団 日本はきもの博物館『日本はきもの博物館総合案内 人と大地の接点』㈶遺芳文化財団日本はきもの博物館　1995年
・『日本の美術』No.342　至文堂　1994年
・中尾健次『江戸社会と弾左衛門』解放出版社　1992年
・永瀬康博『皮革産業史の研究』名著出版　1992年
・近江八幡部落史編纂委員会『近江八幡の部落史 くらしとしごと』近江八幡市　1992年
・永濱満『たのしいね革でつくる 小学生のレザークラフト』㈳日本タンナーズ協会　1988年
・『染色の美』第24号　京都書院　1983年
・土方鉄『部落・ある靴職人の視点』部落解放新書3　解放出版社　1977年

ビデオ

・大阪人権博物館 部落史学習ビデオⅨ『職人の技』大阪人権博物館
・解放出版社『はじめての和太鼓演奏』解放出版社
・大阪人権博物館 部落史学習ビデオⅦ『皮革と被差別部落 白なめし革と手縫い靴づくりの技』大阪人権博物館
・滋賀県商工観光労働部・部落解放滋賀県皮革製品フェア運営委員会『滋賀の伝統産業 匠の技・皮革』滋賀県商工観光労働部
・近江八幡市『伝統技術の記録 手縫いの八幡靴』近江八幡市
・部落解放・人権研究所『それぞれの音色』部落解放・人権研究所
・大阪人権博物館 部落史学習ビデオⅩ『近世身分制社会と被差別民 役目と生業』大阪人権博物館

あとがき

シリーズ『人権総合学習 つくって知ろう！ かわ・皮・革』の第１作『太鼓』の著者・三宅都子さんは、すでに『太鼓職人』『食肉・皮革・太鼓の授業』という本で、これまでの研究成果をまとめられ、多くの人に評価されていました。子ども向けの絵本というかたちで、中川洋典さんの力強い絵とともに「太鼓」のテーマを広く伝えようとしたのです。職人さんの技の世界が、これほどたくましく、美しく、親しみやすく表現できるとは……。三宅さんの神髄を見る思いがしました。

三宅さんは、教員時代に被差別の立場にある子どもたちに、差別に負けず生きてほしいと願い、実践を積み重ねてきました。そのなかで、子どもの暮らしとも深くかかわることになりました。

三宅さんはまた研究者として全国を回り、さまざまな角度から、“かわ”とつながる史実をていねいに掘り起こす作業をしていました。『太鼓職人』はそのような願いを込めてまとめられたものです。『食肉・皮革・太鼓の授業』は、部落問題学習は一つの教科で展開するのではなく、さまざまな教科や領域と関連させて総合学習として展開することで、豊かな学習になることを教えてくれました。そして今度は、子どもたちに届けるために、シリーズ『人権総合学習 つくって知ろう！ かわ・皮・革』の発刊を進めようとしたのです。

シリーズの続刊を期待していた矢先、三宅さんの病気療養、そして死去の知らせを受けました。驚きとともにあまりにも早い旅立ちに、とまどいと悔しさで胸がいっぱいになりました。

三宅さんが逝ってしまった数カ月後、解放出版社の加藤さんと綱さんから、三宅さんの志半ばとなったシリーズの絵本を完成させたいという相談を受けました。三宅さんの意志を受け継いでメンバーが集まり、編集作業を始めていったのです。三宅さんが大切にしようとした「人との出会い」を中心に据えて、第２作、第３作の編集を進めてきましたが、作業はしばしば中断しました。三宅さんが求めている内容となりえているかどうか、自問自答しながらの作業でした。ぜひとも、この絵本を子どもたちといっしょに読んでいただき、実践を通して検証していただければ幸いです。

本書は、その絵本の中で十分表現しきれなかった事項や、理解を深めるための資料などを「ガイドブック」として収録したものです。「人と出会うこと」の大切さ、地域に支えられて受け継がれてきた仕事、そのなかにある「技」の世界など、部落問題学習の取り組みのなかで積み上げられてきた内容を、このシリーズのなかに生かしたつもりです。子どもたちに身近なところで、かわと出合ってもらいたい、具体的にかわを使った“ものづくり”を通して、かわの仕事にたずさわる人びとの暮らしぶりや技との出合いを深めてほしいと願っています。

この『学習ガイドブック』の中に、原稿や研究資料を提供してくださったり、実践の掲載をご了承くださった皆様にお礼申し上げます。

最後に、この編集作業を通してたくさんの人と出会い、仕事とその技、生き方にふれることができたことは、私たちにかけがえのない「宝物」をいただいたと感謝しています。ありがとうございました。

2004年4月

編　　者

問い合わせ

●なめし革を手に入れる

木《き》下《ね》川《がわ》ピッグレザー団
TEL090-6309-3455
http：//www2.ocn.ne.jp/˜plether/
有限会社 カミヤ
〒556-0015　大阪市浪速区敷津西2-5-18
TEL06-6633-0149　FAX06-6632-2238

●太鼓の皮を手に入れる

キッズプラザ大阪・ミュージアムショップ
TEL06-6311-1395
大阪人権博物館（リバティおおさか）
TEL06-6561-5891
㈱解放出版社
TEL06-6561-5273　hanbai @ kaihou-s.com

執筆者（50音順 *は編著者）

太田恭治*
高松秀憲
當山嘉晴
中尾健次
中島順子*
永瀬康博
西峠正義
林久良
藤沢靖介
山下美也子*
渡辺敏夫

協力一覧

大阪市教育センター
大阪市立住之江小学校
大阪市立松之宮小学校
大阪市立木津中学校
大阪市立鷺洲小学校
大阪市立浪速第１保育所
大阪市立浪速第２保育所
大阪市立浪速第３保育所
大阪市立浪速第４保育所
大阪市立浪速第５保育所
大阪市人権教育研究協議会
大阪人権博物館
太田順一
近江八幡市
解放教育研究所
鹿児島県立鹿屋農業高等学校
橿原市立畝傍北小学校
木下川ピッグレザー団
㈶遺芳文化財団 日本はきもの博物館
㈳日本タンナーズ協会
東京国立博物館
中川洋典
中本商店
読売映像
渡邊実

人権総合学習　つくって知ろう！ かわ・皮《かわ》・革《かわ》

学習ガイドブック

2004年5月30日　初版第１刷発行

編著者　太田恭治　中島順子　山下美也子

発行　㈱解放出版社
〒556-0028 大阪市浪速区久保吉1-6-12　電話06-6561-5273
〒101-0051 東京都千代田区神田神保町1-9 稲垣ビル　電話03-3291-7586

編集協力　伊原秀夫　　印刷　日本データネット株式会社

NDC 361 127P 27㎝　　ISBN4-7592-2135-2
エルくらぶは解放出版社の子どもの本の総称です。落丁·乱丁はお取りかえいたします。